高职化工专业学生职业能力及培养策略

马江燕　著

中国海洋大学出版社

·青岛·

图书在版编目（CIP）数据

高职化工专业学生职业能力及培养策略 / 马江燕
著. —青岛: 中国海洋大学出版社, 2014.10
　　ISBN 978-7-5670-0780-2

　Ⅰ.①高… Ⅱ.①马… Ⅲ.①高等职业教育—化学工
业—人才培养—教学研究—中国 Ⅳ.①TQ

中国版本图书馆CIP数据核字（2014）第250200号

出版发行	中国海洋大学出版社		
社　　址	青岛市香港东路23号	邮政编码	266071
出 版 人	杨立敏		
网　　址	http://www.ouc-press.com		
电子信箱	xianlimeng@gmail.com		
订购电话	0532-82032573（传真）		
责任编辑	孟显丽	电　　话	0532-85901092
装帧设计	青岛乐道视觉创意设计工作室		
印　　制	青岛国彩印刷股份有限公司		
版　　次	2014年10月第1版		
印　　次	2014年10月第1次印刷		
成品尺寸	140 mm × 203 mm		
印　　张	5.0		
字　　数	108千		
定　　价	15.00元		
订购电话	0532-82032573		

发现印装质量问题，请致电0532-58700166，由印刷厂负责调换。

前　言

随着化工行业的迅猛发展,化工专业的技术人才需求量剧增,各高职院校纷纷开设化工专业,在校生逐年增长,在和化工行业朋友交流时,他们却提到有些高职生进企业后学生职业能力欠缺,不能适应企业的需要,所学的知识也与企业脱节,进企业后需要"回炉再造",即重新培训。因此,目前高职院校人才培养的着力点应是学生的职业能力,而我校2004年新上应用化工专业,对于如何提高自己的办学能力? 如何规划专业的将来? 今后培养的学生能否适合社会需求? 适合企业的用人需要? 一切都是摸着石头过河。我国虽有一些高等职业教育能力培养的论文发表,但都是宏观研究,缺乏具体措施。具体到化工专业学生职业能力培养的研究成果很少。而国际上有一些研究成果,但是不符合我国国情,因为我国的基础教育不同于其他国家。而本论著正是在此背景下对化工专业学生职业能力及培养作了深入系统的研究后写成的。

本论著针对高职化工专业学生职业能力问题,通过调查企业和学生,首先从化工企业所需人才综合职业能力要求的角度出发,区别于普通高等教育和中等职业教育的特征,综合运用教育学、管理学、心理学等领域的理论,系统地分析出高等职业教育化工专业学生高技能、应用型的岗位能力和能力要素。其次,针对高职院校化工专业学生职业能力培养现状,结合高职教育人才培养的特点,紧盯当代科技发展的趋势和国际经济形势的变化,适应未来就业市场对人才的需求,探索了化工专业职业能力培养的具体措施，并进行试验，以指导高职化工专业人才培养方案的制订和专业建设方案的制订，从而促进化工专业职业教育特色的形成。

本论著是教学理论的具体化，是教学实践的概括化，既注重化工专业高职学生综合职业能力的培养，也注重化工专业高职学生专业能力的培养，对我国化工职业教育实践来说是全新的。这对于丰富化工职业教育的研究内容具有一定的理论意义。

目　录

第一章　研究综述

一、课题提出的背景

我国的高等职业教育,是高等教育的重要组成部分,是高层次的职业教育。近几年来,我国高职教育迅猛发展,取得了举世瞩目的巨大成就,但我们也应看到在高职教育人才培养规模增长的同时暴露了很多问题。随着化工行业的迅猛发展,化工专业的技术人才需求量剧增,各高职院校纷纷开设化工专业,在校生逐年增长,在和化工行业朋友交流时,他们却提到有些高职生进企业后学生职业能力欠缺,不能适应企业的需要,所学的知识也与企业的需要脱节,进企业后需要"回炉再造",即重新培训。一方面,学生抱怨"就业难",另一方面,用人单位却在哀叹"人才难求"。因此,目前高职院校人才培养的着力点应是学生的职业能力培养,而我校 2004 年新上应用化工专业,对于如何提高自己的办学能力? 如何规划专业的将来? 今后培养的学生能否适合社会需求? 适合企业的用人需要? 一切都是摸着石头过河。我们试图找到成功的经验,但由于职业能力培养是近几年世界职教界研究的新课题,对我国高职教育来说是全新的理论。我国虽有一些有关高等职业教育能力培养的论文发表,但都是宏观研究,缺乏具体措施。具体到化工专业学生职业能力培养的研究成果很少。而国际上有一些研究成果,但是不符合我国国情,因为我国的基础教育不同于其他国家。而本研究正是在此背景下对化工专业学生职业能力的培养作了深入系统的研究,试图提出有建设性的具体措施。

二、研究的意义

(一)理论意义

知识和能力往往决定了教育教学的质量。从某种意义上说,能力比知识更重要。高等职业学院化工教学不同于中等职业教育,也不同于大学普通教育,它具有鲜明的职业性和高技能性的特征。因此,高职院校学生职业能力培养必须作为一个重要的课题来研究。我国虽有一些有关高等职业教育能力培养的论文发表,但都是宏观研究,缺乏具体措施。且具体到化工专业学生职业能力培养的研究成果很少,对我国职业教育实践来说更是全新的。而本研究既注重化工专业高职学生综合职业能力的培养,也注重化工专业高职学生专业能力的培养,这对于丰富化工职业教育的研究内容有一定的理论意义。

(二)实践意义

我国高等职业技术教育能否顺利完成时代赋予她的使命,能否树立起自己应有的社会形象,能否赢得社会的认可和支持,关键是看她培养出来的人才,看她培养的人的职业能力的强弱。但目前高职院校忽视学生职业能力培养的现象普遍存在,以致社会上出现学生"回炉再造"现象,说明了化工专业学生职业能力培养的具有重要的实践意义。

1.加强化工专业学生职业能力培养是建立科学合理的教育体系的需要

　　构建化工人才的合理结构是化工行业正常运行的保证，而教育类型的合理结构又是化工人才结构合理的基础。教育类型的合理结构主要体现在各类型教育的培养目标、办学定位上。普通高等教育承担了研究型人才的培养，高等职业教育应承担高技能型人才的培养，两类教育各负其责，各司其职，既有利于建立科学协调的教育体系，又有利于培养各类型、各层次人才。

　　2. 加强职业学院化工专业学生职业能力培养是高职院校生存发展的需要

　　高等职业学院的教学目标不同于中等职业教育，也不同于大学普通教育，它具有鲜明的职业性和高技能性的特征，其培养目标强调"高技能型"，即要求学生在具备必要基础理论和专门知识的基础上，具有从事本专业实际工作的能力，以适应本地区、本行业经济发展的需要和职业岗位或职业岗位群的需要。这就决定了高职院校在办学过程中，只有把能力培养放在首位，既注重学生综合职业能力的培养，也注重学生专业岗位能力的培养，才能走出一条长效的发展道路。

　　3. 加强职业学院化工专业学生能力培养是实现高质量就业的需要

　　职业技术学院毕业生面对的就业形势非常严峻。压力不仅来源于产业发展迅猛，知识更新快，稍不留神就会落伍，而且还来源于职业能力的欠缺。作为职业技术学院，如何转变教育观念，提升教育理念，办出高职特色，创出品牌专业，是当前和今后一个阶段职业学院所面临的重大挑战。职业学院发展的关键是培养的学生能否适合社会需求、适合企业的用人需要。职业学院毕业生要"走俏"，关键的一条就是让学生具备较高的职业能力。当前的人才市场，之所以出现高级技能型人才短缺,学生却抱怨"就业难"的问题,就是职业能力培养工作还没有落到实处,学生缺乏过硬的专业技能,不能满足用人单位的要求。因此,要彻底改变这种局面,迫切需要建立起以就业为导向的职业教育体系,采取切实可行的措施,强化学生的职业能力。

三、所研究的主要问题

一是根据区域经济发展状况,从企业岗位所需人才多元化、高技能、应用型综合职业能力的角度出发,进行化工职业岗位分析,区别于普通高等教育和中等职业教育的特征,分析出高等职业教育高技能、应用型的岗位能力和能力要素组成。

二是根据化工岗位职业能力要求,确定出化工专业学生职业能力培养的具体措施,并进行试验。

四、研究思路和方法

(一)研究思路

首先,针对目前高职化工专业学生职业能力不强的问题,通过调查企业和学生,首先从化工企业所需岗位人才多元化、高技能应用型综合职业能力要求的角度出发,区别于普通高等教育和中等职业教育的特征,综合运用教育学、管理学、心理学等领域的理论,系统地分析出高等职业教育化工专业学生高技能、应用型的岗位能力和能力要素。其次,针对高职院校化工专业学生职业能力培养现状,立足于地区经济和社会发展的实际,并结合高职教育人才培养的特点,紧盯当代科技发展的趋势和国际经济形势的变化,适应未来就业市场对人才的需求,探索出化工专业职业能力培养的具体措施,并进行试验。以指导高职化工专业人才培养方案的制订和专业建设方案的制订,从而促进化工专业职业教育特色的形成。

（二）研究方法

本研究采取的研究方法主要有文献研究法、调查研究法、个案研究法等。

（1）调查研究法：进行企业调研和学生调研。

（2）文献研究法：通过相关书籍的借阅、文献资料的检索与下载等方式,将搜集到的与本研究有关的文献资料进行整理、分类。在参考前人理论的基础上,作深入系统的研究。

（3）个案研究法：选取几个典型发达国家,如英国、德国、澳大利亚三国的研究成果,并总结其共性,为制定我国高职院校化工专业学生的职业能力培养措施提供可借鉴的经验。

五、本研究的创新点

（1）从区域经济发展和企业所需岗位人才多元化、高技能、应用型综合职业能力要求的角度出发,区别于普通高等教育和中等职业教育的特征,分析出了化工专业高等职业教育高技能、应用型的岗位能力和能力要素。

（2）本研究针对目前我国高职化工专业学生职业能力不强的问题,提出了符合我国国情和校情的化工专业学生职业能力培养的多项具体措施。

（3）本研究关注培养对象学生本身,提出了强化学生职业意识的观点,让学生以自己的职业为荣,不遗余力,全身心投入自己职业能力的培养上。

第二章 高职化工专业学生的职业能力

一、能力概念

（一）能力

从心理学的角度看,能力是指人们成功地完成某种活动所必须具备的个性心理特征,是从事一定社会实践活动的"本领"。能力总是和一定的活动联系在一起的,考察能力就必然是考察从事某种活动的能力,即"做什么"的能力。也就是说人的能力是在活动中形成、发展和表现出来。另外,从事某种活动又必须以一定的能力为前提。苏联心理学家克鲁捷茨基指出:"如果一个人能迅速地和成功地掌握某种活动,比其他人较易于得到相应的技能和达到熟练程度,并且能取得比中等水平优越得多的成果,那么这个人就被认为是有能力的。"能力有两种涵义:其一是指个人现在实际"所能为者";其二是指个人将来"可能为者"。前者指一个人的实际能力。后者指一个人的潜在能力,这种意义上的能力,包括体力、智力、道德力、审美能力、实际操作能力等一般能力,以及从事某种专业活动的特殊专业技能和为社会奉献的创造能力。

（二）能力与技能

能力与技能都是人们在活动中获得和发展的,两者联系密切,可又不同。"技能"是从操作概念出发,由于反复练习而巩固了的行为方式,是相应行为和活动的相应心理过程概括的结果,指一个人进行较高水平活动时的基本活动方式,这些活动方式又由一系列动作协调成娴熟的反应,经历着一个由不会到会,由不熟练到熟练的过程,到了相当熟练的地步,即成为技巧。技能可分为动作技能和智力技能。克伦巴特认为,动作技能是习得的,能相当精确执行且对其组成的动作很少或不需要有意识地注意的一种操作;以加涅为代表的西方认知心理学家认为,智力技能　是将已习得的知觉模式、概念、规则运用于实际情境且能顺利完成任务的能力;技能和能力既有区别又有联系,它们之间是相互制约的。联系在于:一方面,技能是能力形成的基础,是发展能力的条件或因素,它能促进能力的发展,技能掌握得越多,能力发展得越好。另一方面,能力在一定程度上决定技能的提高,是掌握技能的前提,且广义的能力包含了技能。掌握技能和形成能力,是一个循序渐进、由低级向高级发展的过程。区别在于:技能往往基于动作特征,是在训练的基础上形成的自动化的行为方式;而能力则基于心理特征,是能影响和运用技能的效率,使学习与工作顺利进行的个性心理特征。

（三）能力与知识

能力与知识既有区别又密切联系。联系在于:人的能力总是以掌握一定的知识为中介,在掌握知识过程中形成和发展,在掌握知识的过程中,同时发展着能力,因而知识的学习是能力发展的凭借和基础。另一方面,知识的掌握又是以一定的能力为前提的,没有起码的记忆力、理解力和一定的抽象、概括能力,是难以接受知识和掌握知识的;能力的高低直接影响着掌握知识的快慢、深浅、难易和巩固程度;能力的发展可以促使我们更好、更有效地掌握知识。因而能力是掌握知识的内在条件和可能性,既是掌握知识的结果,又是掌握知识的前提。区别在于:首先,知识是人类社会历史经验的总结和概括,是储存在人脑中的经验系统,其迁移范围较窄;能力是人的个性心理特征,是调节行为与活动的心理过程的概括的结果,其迁移范围较宽。其次,知识的掌握和能力的发展并不是同步的,能力的发展比知识的获得要慢得多,而且不是永远随知识的增加而成正比例发展。离开了学习和训练,任何能力都不可能得到发展。

二、职业的概念

职业一般是指工作,个人在社会中所从事的并以其为主要生活来源的工作的种类。

三、职业能力

职业能力由核心职业能力、通用职业能力和特定职业能力三种能力构成

(1)职业能力的基层平台是从事各种职业都必需的核心职业能力,如交流表达能力、问题处理能力、自我实现能力、管理能力、竞争能力、逻辑运算与空间想象能力、信息处理能力等。

(2)职业能力的形成框架是定向的通用职业能力,即某种职业领域一般应有的、具有共性的普通职业能力。

(3)职业能力的最终结果是专门的特定职业能力,即专门职业岗位上、专业范围内、符合专门工作要求的职业能力,

它是职业岗位的最终表现。

2. 职业能力由基本能力、专业能力和关键能力构成

职业能力是指从事现代职业的能力,是心理、知识、素质、技能等在职业活动中的外在综合表现。高职生职业能力由基本能力、专业能力和关键能力构成。

（1）基本能力是指从事社会职业活动所必须具备的基本的通用的能力,它具有在社会不同职业和岗位之间普遍的适用性、通用性和可迁移性等特点,是作为一个现代职业人必须具备的基本素质和从业能力,包括语言表达能力、文字加工能力、自理和自律能力、责任感、诚信度、计算机操作能力、基本的判断能力和辨别能力。

（2）专业能力是适应职业岗位的能力。这是作为一名岗位技术人员所必备的能力,体现在专业岗位知识、工艺流程的掌握程度、工艺的熟练程度、实践操作能力、检查及维修技能、对新材料、新工艺、新技术及新设备的应用能力和推广能力等。

（3）关键能力也称核心能力,是指一种可迁移的、从事任何职业都必不可少的跨职业的关键性能力。

3. 职业能力是职业对就业者素质要求的体现

职业能力就是某一专业所对应的职业岗位（群）必须完成的工作任务和职责即根据职业（工种）的特性、技术工艺、设备材料以及生长方式等要求,对劳动者的业务知识和技术操作能力提出的综合性水平规定,是从事某一职业的综合素质的体现。

4. 本研究所指的职业能力

职业能力由基本能力、专业能力和关键能力构成。

基本能力主要包括基本的读、写、算能力,基本言语能力

和基本的判断推理能力。专业能力主要包括适应某一工作岗位所必需的专业知识、专业理论、专业技能,专业素质等。关键能力主要包括学习能力和社会能力。

基本能力和关键能力的区别:基本能力和关键能力虽然都是从事任何职业都需要的能力,是帮助劳动力实现职业发展的能力。两者在职业能力结构的层次地位上着显著区别。关键能力可以对劳动力的职业适应和职业转换起到关键性的作用,这是基本能力所不能实现的。

四、高职化工专业学生岗位能力构成要素分析

随着化工行业的迅猛发展,职业岗位的内涵与外延处于不断变化中,随着新技术在生产中的迅速应用,产品更新换代周期越来越短。企业为了在激烈的市场竞争中立于不败之地,不得不千方百计改进生产工艺,淘汰旧产品,开发新产品。这样一来,对直接从事产品生产的技术人员的要求也就发生了变化,他们不仅要能胜任现有工作,还要能胜任将来变化了的工作,使得一技一艺训练为主的职业技术教育无法适应生产的需要,化工高职生不能只适合于一个岗位。因此,新的形势要求职业技术教育培养一种新型的从业人员,这种新型从业人员应具备的条件是既懂得操作又通晓生产过程的基本原理的人才,他们不仅是能动手又能动脑的体力劳动和脑力劳动相结合的人员,而且具有创造性解决问题的能力,能不断适应岗位变化和职业变更,具有较强的就业弹性和工作适应性。因此,"能力"不仅限于胜任某一岗位的具体能力,而且指相应职业领域的能力,即学生获得对职业岗位的良好适应性和可持续学习的能力;它不仅指操作或动作技能,而是职业能力的综合概念,包括知识、技能、经验、态度等完成职业岗位任

务,胜任职业岗位资格的全面素质。它是化工行业中带共性要求的智能结构和能力构成要素,并非单指某具体岗位的就业技能或单项能力,应具备的能力要素中,应包括化工设备的应用及故障的排除能力、查阅技术资料的能力、综合分析和解决生产技术问题的能力、基本测试技术能力、数据处理能力和典型仪器设备的操作能力、看图和制图等能力、自理和自律能力,有责任感、诚信度,能操作计算机能力、不断学习的能力、基本的判断能力和判别能力、一定的外语能力、对新材料、新工艺、新技术及新设备的应用能力和推广能力、心理承受能力、对付突发性问题的能力、组织管理能力、发展创新能力和团队合作能力等。

五、高职化工专业学生所应具备的职业能力

高职化工专业学生的职业能力和其他劳动力的职业能力具有一定差别。由于高职院校化工专业的培养目标是培养高级应用型、技能型人才,因此,高职化工专业学生的职业能力也由一定的特殊性。

(一)高职化工专业学生的基本能力

高职化工专业学生的基本能力,除了需具有基本的语言、判断等能力外,还应具备自理和自律能力,有责任感、诚信度,有一定的外语和计算机操作能力,有一定的组织管理生产能力和发展创新能力等。

(二)高职化工专业学生的专业能力

其专业能力应包括化工设备的应用及故障的排除能力、工程设计能力、查阅技术资料能力、综合分析和解决生产技术问题的能力、具有基本测试技术、数据处理能力和典型仪器设备的操作能力以及看图和制图能力等。

（三）高职化工专业学生的关键能力

高职化工专业学生的关键能力，包括不断学习的能力、与人沟通和合作的能力、解决突发问题的能力和一定的心理承受能力等。

第三章　影响高职化工专业学生职业能力培养的因素及学生职业能力培养中存在的问题

一、影响高职化工专业学生职业能力培养的因素

由于高职化工专业学生职业能力的培养既要满足企业需求，又要满足学生个人需求，因此，高职化工专业学生职业能力培养过程中既要遵循市场规律，又要遵循教育规律。可以说，高职化工专业学生职业能力培养是一个非常复杂的系统工程，有许多因素都能影响到培养过程。

（一）观念因素

影响化工专业学生职业能力培养的观念因素主要包括育人理念、人才观、能力观、学生的自我认识等。观念因素对职业能力的培养起着先导性的作用。

（二）质量因素

质量因素既包括师资、经费、化工设备等因素又包括化工专业相应的职业能力培养模式和职业能力考核机制等体制性因素。质量因素对职业能力的培养起着基础性的作用。

（三）特色因素

特色因素包括化工专业定位特色、专业特色、实习特色、教学特色、校企合作模式特色、能力评价体系特色等。

（四）管理因素

管理因素包括学生管理、教学管理、创新水平等。

二、当前高职化工专业学生职业能力培养中存在的问题

（一）对化工专业学生职业能力理解片面

很多教师将职业能力与技能相混同，认为培养学生某一项操作技能就是培养学生的职业能力，在人才培养过程中，往往侧重于培养学生某一项专业技能或实践操作技能。

（二）对化工专业职业能力培养不够重视

化工专业学生综合职业能力的培养是一个较为复杂的系统工程，它涉及诸方面因素。由于受就业为主要目标的思想影响，不少教师，认为把学生能招进来、送出去就算完成了教育任务，对学生在岗位上是否胜任本职工作以及学生未来的生存与发展等关注不够，忽视对学生职业能力的培养与提高。就学生本身而言，自己对职业能力的培养也没有引起足够重视．所以有不少学生不注重自身职业能力的提高。

（三）对学生职业能力培养缺乏整体部署和设计

1. 定位模糊

定位模糊必然导致学生职业能力培养缺乏特色。由于我国高职创办时间短，一部分高职学校有普教的浓厚色彩，没有和学历教育区别开来，特别是一些高职院校化工专业盲目照搬普通高校的培养目标，这样的做法造成了一些高职与普通高校培养的学生高度同质化，却还缺乏普通高校学生深厚的

理论素养。

2. 教学内容不适宜

高职院校的教学现实是：教材多年不变，且都是对本科教的删减级，内容以理论传授为主，没有结合不断变化的社会需求进行调整和优化，导致教学内容与化工行业的实际应用严重脱节。学生学到的知识很难帮助他们解决实际工作中遇到的实际问题。有些课程内容学了没有多少用处。原因是：一方面，传统专业由于各种新理论、新工艺、新技术、新配方、新设备的产生而面临如何更新教学内容的问题；另一方面，新的专业产生之初，专业知识还没有固定的行业标准，行业标准处于发展之中，因而存在教学内容不断更新的问题。

3. 教学方法单一，教学手段落后

刻板的、重在知识传授的教学方法仍然存在，一支粉笔走天下的教学手段仍然在采用，教学效率低下。

4. "双师型"教师缺乏

由于"双师型"既是教师，又是技师（工程师），这体现了职业学校教师素质的特色，化工专业教师在具备一般教师职业能力的基础上，必须具备技师（工程师）的实践动手能力。但我国多数高职学校的化工专业教师普遍缺少对企业生产实际和技术发展情况的了解。而具备技师（工程师）的实践动手能力的外聘教师又缺少教育教学能力。

5. 学生实验、实训、实习机会欠缺

化工专业学生参加实验、实训、实习是提高职业能力的关键。但在高职办学过程中却难以保证这一点，最明显的表现就是实验、实训和实习机会的欠缺。学生实践机会欠缺的深层原因在于经费的不足。化工专业学生需要参加较多的实践，这些实践需要实验、实训用的仪器设备及实习基地，这都需要大量的经费。如果经费问题得不到彻底的解决,很难保证学生能力的培养。经费不足的具体原因除了国家对高职院校的投入偏低外。还有一个原因是,企业追求利润最大化与学校的育人目标之间缺乏有效的利益协调机制,学生实习会增加企业管理成本,导致企业不愿向高职学生提供实习机会。

6. 缺乏综合化的评价体系

目前高职学生的专业技能鉴定主要靠国家统一举办的职业资格证书考试。其对职业能力的检验具有滞后性的特点,而学校教学中学生成绩评定主要以理论考试为主。有些学校虽然也进行技能考核,但技能考核成绩并未在学生的档案成绩中反映出来,缺乏对学生的激励。能力评定与反馈机制还尚未建立。

第四章 个案研究——国外能力培养的模式

一、CBE 模式

CBE（Competency Based Education）意为"以能力培养为中心的教育教学体系"。该教学模式是美国休斯敦大学,以著名心理学家布鲁姆的"掌握性学习"和"反馈教学原则"以及"目标分类理论"为依据,开发出的一种新型教学模式。

1.CBE 教学模式的原理

（1）任何学生如果给予高水平的指导都可以熟练掌握所学的内容。

（2）不同学生,学习成绩不同是因为学习环境不充分,而不是学生本身的差异。大多数学生,若有适合自己的学习条件,在学习能力、学习进度、学习动力等方面都会很相似。

（3）教育工作者应该重视学,而不是重视教。

（4）在教与学的过程中,最重要的是使用学生接受指导的方式、方法。

2.CBE 模式的特点

（1）一是以职业能力作为进行教育教学的基础,而不是以学历或学术知识体系为基础;二是打破了传统的以学科为科目,以学科的学术体系和学制确定的学时安排教学的教育体系。

（2）CBE中的能力系指一种综合职业能力,包括四个方面:知识(与本职相关的知识领域)、态度(动机、动力情感领域)、经验(活动的领域)、反馈(评估、评价领域)。这四个方面都能达到方构成一种专项能力,一般以一个学习模块的形式表现出来。

（3）强调学生自我学习和自我评价。教师是学习过程中的管理者和指导者,负责按职业能力分析表所列各项能力提供学习资源,编出模块式的"学习包"—"学习指南"。学生要对自己的学习负责,按学习指南的要求,根据自己的实际制订学习计划,完成学习后,先进行自我评价,认为达到要求后,再由教师进行考核评定。

第一阶段:市场调查分析阶段。一是市场调查,主要研究国家特别是本地区的有关政策,调查人才市场需求,正确做出专业设置的决定;二是专业开办的可行性研究,就是根据人才需求,决定培养方式、学制等。

第二阶段:职业分析阶段。经过市场调查分析,确定了开设的专业,就需要研究专业培养目标。根据职业教育能力本位原则,应用能力和素质分析方法,进行培养目标专项职业技能和素质的分析。

第三阶段:教学环境开发阶段

①开发教学软环境。

一是技能分析,对职业能力图表中的全部技能进行分析,列出每一个技能的全部操作步骤、活动内容以及必须够用的理论知识;工作态度:考核评价标准;用到的设备、工具、材料与人员及安全须知。二是技能组合分析,通过技能分析将相近的便于一起教学的技能组合在一起,制定课程教学大纲并形成课程体系。三是教学进程计划开发,按教学规律和技能形成规律,将各个课程和技能按学期排列。四是技能整合学习指导书的开发,为了使相关的一组技能形成能力,针对这一组技能开发一份学习指导书。

②开发教学硬环境,包括教学、实验场所的设计,资料室的设计和实习基地的建立。

第四阶段:教学实施与管理。

教学实施过程分为四部分:一是入学水平测试;二是制订学习计划;三是实施学习计划;四是成绩的考核与评定。虽然"CBE"教育体系的"模块式"教学模式,被公认为是目前职业教育的一种先进的教育体系,是实施能力教育的有效形式之一。但实施"模块式"教学,需要有较高水准的教学条件与之相适应,需要投入大量的人力、物力和财力,而受我国国情的限制,这种模式难以实施和推广应用。因此,我们不宜照搬国外这种职教模式,但以能力为本位的教育思想及"模块式"教学模式的教学理念,是值得我们学习和借鉴的。

二、"双元制"模式

"双元制"是德国职业技术教育的主要形式。"双元制"是学校与企业分工协作,以企业为主,理论与实践紧密结合,以实践为主的一种成功的职教模式。其根本标志是学生一方面在企业中接受职业技能培训,一方面在职业学校接受包括文化基础知识和专业理论知识在内的义务教育。这种"双元"特性,主要表现为企业与学校、实践技能与理论知识的紧密结合,每一"元"都是培养一个合格的技术人员过程中不可缺少的重要组成部分。"双元制"教学模式造就了德国经济的腾飞。

1."双元制"模式的原理

（1）职业教育是在两个完全不同的机构—企业和职业学校中进行的，并以企业培训为主。

（2）学生兼有双重身份。一方面根据与企业签订的培训合同在企业里接受培训，是企业的学徒；另一方面，在职业学校里接受理论课教学，是学校的学生。

（3）教学文件由两部分组成。企业严格按照联邦政府颁布教学大纲对学生进行实践技能的培训；职业学校则遵循州文教部制定的教学大纲对学生进行理论知识的传授。

（4）教师由两部分人员担任。一是在企业里实施实践技能培训的培训师傅，二是在职业学校里教授文化课和专业理论课的教师。

2."双元制"模式的特点

（1）同生产紧密结合。"双元制"职业教育形式下的学生有较多的时间在企业进行实践操作技能培训，而且所接受的是企业目前使用的设备和技术，培训在很大程度上是以生产性劳动的方式进行，从而减少了费用并提高了学习的目的性，这样有利于学生在培训结束后即可投入工作。

（2）企业的广泛参与。大企业多数拥有自己的培训基地和人员。没有能力单独按照培训章程提供全面和多样化的职业培训的中小企业，也能通过跨企业的培训和学校工厂的补充训练或者委托其他企业代为培训等方法参与职业教育。

（3）培训与考核相分离的考核办法。这种考核办法，体现了公平的原则，使岗位证书更具权威性。"双元制"教学模式对于我国的高等职业技术教育有许多可借鉴之处。

三、MES 模式

1. MES 模式的原理

MES 以为每一个具体职业或岗位以建立岗位工作描述表的方式,确定出该职业或岗位应该具备的全部职能,再把这些职能划分成各个不同的工作任务,以每项工作任务作为一个模块。该职业或岗位应完成的全部工作就由若干模块组合而成,根据每个模块实际需要,确定出完成该模块工作所需的全部知识和技能,每个单项的知识和技能称为一个学习单元。由此得出该职业或岗位模块和学习单元的教学大纲和内容。

2. MES 模式的特点

（1）打破了传统的学科教学模式,使教学以职业岗位需求为依据更加贴近生产实际,缩短了教学与就业的距离。

（2）有利于保持学生的学习热情。MES 中的每个模块都比较短小,又有明确的目标,所以,有助于学生看到成功的希望,并在较短的时间内获得成功而满怀热情地学习。这种模式有助于提高学生的学习效率,而且学生的学习效果,不仅如此,也教学内容具有开放性和适应性。它可以通过增删模块或单元来摒弃陈旧的内容和增添新的内容,保证了教学内容的时代性和先进性。

第五章 高职化工专业学生职业能力培养的措施

一、强化职业教育意识

教育意识是指教育主体在教育实践及教育思维活动中形成的对教育应有的理性认识和主观要求。由此,高等职业教育意识可作如下定义:它是指对高等职业教育的理性认识、理想追求及其所持的教育思想,是一种观念,是一种导向,更是一种境界。

通过查阅职业教育的相关资料,综合各方面的信息,笔者认为,高等职业教育意识的构成一般包括专业特色意识、职业资格意识、职业素养意识、职业能力意识、体验学习意识、市场导向意识等。

随着高职教育大众化的来临,高职教育要改革、要发展,转变教育思想、更新教育观念是先导,所以高职院校广大的教育工作者必须对传统的教育观念重新审视,摒弃陈旧过时的传统教育思想观念及机械呆板的思维定式,树立起与市场经济相适应的全新的教育思想观念,这是实现高等职业学校学生能力培养的前提。今天的高等职业教育确实使我们感到,办好高等职业教育不是轻而易举之事,高等职业学校的生存发展也不是按部就班的期望所能奏效的。当前的高等职业教育就像进入市场的企业一样，面临着调整优化的考验：现有求学资源的总量在减少，学生选择学校的自主性在加强，毕业生就业效果已成为鉴定学校优劣的标准，办学的开放性正在对传统教育模式形成强烈冲击，此起彼伏的高等职业教育市场变化已使我们不得不认识到，必须深入而准确把握高等职业教育变化趋势，充分调整办学思路、理念和措施，全力应对高等职业教育发展的新挑战。

随着市场发展而高等职业教育调整优化以至于一些学校在市场挑战面前而不得善终之时，我们就会感到有些不适应甚或是措手不及了。出现这种"不适应甚或是措手不及"的原因，是由于我们没有充分认识职业教育本质或是缺乏超前意识所造成的。由于经济体制已经处于市场化发展时期，这就必然要求从事市场运营的"人"与之相匹配，也就必然要求为培养"人"而为的高等职业教育与之相匹配，否则，高等职业教育就不是应有的教育，人才也就不是应有的人才。相对于满足经济社会发展的需求来说，教育比企业有一个相对较迟缓的市场反应，那是因为属于意识形态领域的教育反映着体制性变革尚有欠缺的缘故。而今是市场经济，其必然要求其教育为其培养适用的人才。

高等职业教育本来就该走在市场需求的前面，发挥超前而引领市场对人才发展需要的作用。然而，由于我们总是难以舍弃以往那种"按部就班"的思路，所以，相对于经济社会发展需求来说，今天的高等职业教育就显得滞后了。但是，任何发展的动力都是不可阻挡的，今天呈现出高等职业教育淘汰使得一部分学校出现"倒闭"的结局，这样的"倒闭"对高等职业教育发展来说无疑是一种触动，它将促进高等职业教育走向更加优质的道路。就发展趋势来说,如此的高等职业教育调整优化会进一步发展下去,决不会因高等职业教育生源紧张而停止脚步。

我们应该看到,在这样调整优化的压力和驱动之下,毕业生就业会逐步走向与经济社会发展需要更加相互协调的境地。高等职业教育必定要随着经济社会需要发展的趋势而使自身与之相适应。高等职业教育也就必须不断提高自己的教育培养层次。建立以实力获得竞争主动权的观念;就要打消侥幸心理,以市场需求为出发点和归属点,不断占领高等职业教育制高点。市场竞争处在同一个平台上,优化取胜的唯一的法宝就是特色和质量。许多事实使我们认识到,尽管当前生源很紧张,但是,高等职业教育能为就业、创业打下良好基础的优势对生源还是有相当吸引力的。高等职业学校之间调整优化之实质就是自身吸引力的较量。应该相信市场选择的公平性,也应该看到自我在市场调整优化之中的弱势和差距。

要强化学生职业意识让学生明确自己的职业定位,辅导员老师应从新生入校起就不断地对学生进行教育,让学生知道自己将来是干什么的,并且以自己的职业为荣,培养蓝领情结。这样,学生才会不遗余力,全身心投入自己职业能力的培养上,积极主动地配合学校对自己职业能力的培养,收到事半功倍的效果。

高职院校辅导员是强化学生职业意识的骨干力量,是高职院校学生日常思想教育管理工作的组织者、实施者和指导者。在高职院校人才培养中发挥独特的作用,学生们接触最多的莫过于辅导员,辅导员的素质和能力将对大学生职业意识产生至关重要的影响,这就要求辅导员要立足工作实际,注重学习,以求加深对高职教育规律、理念、模式等方面的认识,努力增强自身的职业教育意识。

　　通过对部分高职院校辅导员队伍状况的调查,发现当前存在的普遍问题是他们的职业教育意识欠缺。在实际工作中,辅导员要了解所在院系的专业布局以及建设进展情况,认识专业,熟悉专业,便于在开展职业规划,动员校外实习等方面给学生可靠性和针对性指导,由于多数辅导员缺少实践经验,对职业能力重要性认识不够,对学生所要考取的证书不熟悉,往往在组织动员学生参加职业资格证书报名、辅导的环节时,显得力不从心,无从下手。尽管辅导员苦口婆心地加强引导,但却不能紧密联系学生职业发展规划,仅停留在理论化的说教层次,往往是学生不买账,故实效性十分有限。

　　职业能力培养意识欠缺,在高职院校现有的工作机制下,辅导员大多整天忙于日常学生管理事务,而在专门的学生教育上的投入则明显不足,对学生职业能力培养重视不够。

　　我们必须看到,对学生职业能力培养是高职院校辅导员面临的与时俱进的新主业,必须引起足够重视,要动脑筋,想办法,力求辅导员人人参与,比如承担相关课程,担任咨询导师等等,在学生职业能力培养方面抓落实,求实效。我们对当今高职院校辅导员参与学生职业能力培养的现实表现进行审视,发现存在两个突出的问题:一是缺乏系统性,只局限在创业能力这一个环节;二是缺乏协调性,只注重将毕业生推向社会,但对毕业生如何在社会上做到职业稳定、创出业绩、服务社会,则缺乏必要的跟进性指导,没有将学生的职业成长与学校发展有机协调起来;三是职业核心能力意识欠佳,职业核心能力被比作看不见的冰山,对于学生而言,职业核心能力决定着他们的未来,职业生涯的长度与高度。依据高职教育发展的新要求,辅导员的工作中心应适当地进行战略性转移,要立足于原有对学生的生活、学习方面管理的基础要求,将工作重点转移到学生核心职业能力的培养方面。

然而,大部分辅导员会因为带的学生人数多,在班级管理中一直沿用求稳定的工作方法,即出现问题和解决问题。这一工作方法难以在学生的职业核心能力培养方面用心、用力。再者,因为辅导员主要忙于校内的日常事务,很少参与专业的市场调研、校企合作、校外实习、毕业生调研等活动,所以会造成辅导员对市场需求、企业动态等方面了解和认识上的不足。

高校辅导员职业教育意识不强的原因,一是专业知识所限,对高职教育相关知识缺乏了解。目前,高职院校辅导员队伍比较年轻,通过调查发现,大多数辅导员是近几年刚刚毕业的本科毕业生或是硕士研究生,他们中很少有人熟悉高等职业教育规律,也很少有人把这个职业作为自己终身的选择。即使有的辅导员打算长期从事辅导员行业,但是固有的惯性思维和专业知识,使得他们难以脱离研究型大学的思维桎梏。据调查了解,目前高职院校辅导员知识结构比较单一,尤其是缺乏专业的思想政治教育技巧和科学的学生事务管理知识,没有系统学习过教育学、心理学知识,在新形势下面对学生中所出现的新问题,应对的能力较弱,尽管大多数辅导员平时比较注重学习,能积极参加一些培训和学习,均为现学现用,难以达到专业化的水准。事实上,辅导员若不具备一定的理论素养和较全面的知识结构,单凭着满腔热情,仅靠学生时代的点滴积累来开展工作,显然是难以适应形势的发展和时代的要求,是不可能有效地解答应对学生成长的疑难和困惑。二是不能深入了解学生的专业学习动态。一般情况下,高职院校每位辅导员都是分别负责,事务繁杂,疲于应付,正因如此,辅导员很难做到与学生本人以及任课教师进行定期的沟通交流,以至于不能深入了解学生的专业学习情况,或不能做到全身心投入工作,必然出现对学生专业学习的表现关心不够的问题,进而无法在职业发展、专业学习等方面对学生进行有效的激励、指导和教育。三是实践经验欠缺,高职院校对辅导员的培训不到位,高职院校辅导员的来源一般有三个:学院自主招聘的应届本(硕)毕业生;选聘本校转岗的行政教辅人员;引进企业转岗的行政管理、工程技术人员。以上三者都缺乏直接的学生教育管理经验,也不熟悉高职教育的基本运行规律和要求,虽然高职院校会定期对辅导员进行在岗培训,但是培训的内容有严重的偏差,即缺少高职教育的专项培训设计,尤其是在辅导员实践教学基本要求的掌握上十分欠缺。如果辅导员不懂高职教育,不清楚教学计划安排,不能够与专业教师相互配合,那么可想而知,将高职学生培养成为高素质、高技能型的专门人才,则是很难实现的目标。

增强辅导员队伍职业教育意识的主要途径

1.认真学习了解专业人才培养目标

高职人才培养过程是依据人才培养目标展开的,所有的教学安排、学生活动教育管理等环节都不能脱离人才培养目标。辅导员要结合自己所分管的学生的专业需要,有针对性地学习了解专业人才培养目标和相关专业教学计划,对其中的专业课程、教学模块、教学要求、培养目标、就业岗位等主要方面必须做到心中有数,如某个专业的核心课程有几门、专业的职业资格证书有几种、实习实训如何安排等等。事实上,当前大多数辅导员不了解专业教学计划,与教学过程疏远,对教学环节陌生,导致辅导员对学生在专业学习上无法提供有效的动力支持和精神鼓励。由此可见,只有辅导员对专业教学计划有了充分把握,才能促进学生教育与管理工作有的放矢,促进学生的学业进步。

2. 协助组织学生实习实训活动

实习实训作为高职院校专业教学重要的构成部分,在教学计划中占据重要位置,实习实训教学不仅仅是专业教师的事情,辅导员有责任协助组织学生的实习实训活动,尤其是在学生参加校外实习过程中,更加需要辅导员的全程参与。辅导员通过深入实训场所、实训基地以及校外企业,将理论与实践结合起来,无疑将大大开阔职业教育视野,加深人才培养目标、过程、标准等方面的理解和认识,从而会大大增强职业教育意识。

3. 参与专业教学研讨活动

尽管辅导员基本不承担专业教学任务,但是积极参与专业教学研讨活动则是很有必要的,有助于增强其职业教育意识,因为专业教学研究活动是围绕着教学重点教学进度、教学模式、教学考核等环节来进行的,辅导员从中能够及时掌握专业教学进程和动态信息,促使专业教学与学生管理同步推进,可以齐心协力提高教学质量。同时,由于经常参加教研活动,辅导员能较为深入地认识专业教学规律、教学特点,自身的职业教育意识则会逐步增强。

4. 适当接受职业教育专题培训

职业教育意识直接反映在职业教育理念上,因此,辅导员要不断更新职业教育理念,才能提高职业教育意识。一般情况下,专业教师应定期接受职业教育专题培训,而辅导员也应适当参加相关培训,掌握高等职业教育发展趋势,与时俱进,做一名懂专业的辅导员,这样,才能有效引导学生立足专业、学习成才。

5. 承担一定专业教学任务

辅导员若要了解专业教学要求,可以争取承担一定的专业基础课、专业技能课教学任务,这样将促使专业教学、行为管理、思想引导一体化。在此期间,辅导员能真切地体会到职业教育的内在脉络,洞察专业教学的实施要求,有助于找到学生思想教育、行为管理在专业教学过程中最佳切入点与作用点,为日后在学生职业能力培养工作中发挥思想教育与管理的保障功能创造有利条件。

6. 承担就业指导工作

高职院校学生就业指导工作是一个持续性多样性全员性的教学实践活动,既有对一年级学生的职业启蒙教育,又有对二年级学生的专业成长教育,还有对三年级学生的择业发展教育。目前,国内高职院校学生就业指导工作整体上都是由辅导员来承担,有课堂教学任务,也有就业推荐事务。可以想象,辅导员若有了较为丰富的就业指导工作经历,那么对学生就业的岗位、技能、素质将有比较清晰的了解,也会对社会上用人单位招聘人才的尺度标准有具体的感知,内外兼顾,进而必将促使辅导员的职业教育意识大大提高。

辅导员增强职业教育意识的现实作用是促进高职学生提升职业能力。

在高职教学与管理过程中,辅导员要贯彻全方位的职业素养教育思想。利用日常学生工作过程中一切的环节,想方设法,主动出击,力求做到专业知识与技能教育通用知识与技能教育和职业道德教育三位一体,相互依存;从教材内容教学案例到实习实训和学生活动等都融进职业的教育内容,注重强化学生职业意识。

从以往高职院校的学生教育管理实践来看,学生班级的学风状况与辅导员自身职业意识高低有相当大的关系。良好的学风主要体现在学生的爱学、勤学上。要树立良好学风，一靠引导，二靠管理。辅导员是学风建设的主要实施者，要引导到位，就需要懂得职业教育的理念和规律；要管理有序，就需要熟悉职业教育的教学模式和方法。

辅导员若是对职业教育一无所知或是一知半解，势必不利于强化学生职业意识。所以，只有当辅导员有了较好的职业教育意识，才能推动专业教学任务的有效落实，才能促进校园学风校风的不断好转，促进高职学生职业能力的持续提升。

在高职教学专业计划中，以校外实习、校内实训为主体的实践教学占据举足轻重的地位，组织好实习实训活动是落实实践教学任务的关键。尽管实习实训活动属于教学内容，主要应由专业教师负责完成，但是辅导员不能置身其外，而应高度重视，积极参与。在实际校内外实习实训过程中，有些工作由辅导员来承担会更便利、更有效，比如实习学生动员、实习手续办理、实习组织管理等事实证明，凡是具有较强职业教育意识的辅导员，所带班级学生实习实训的表现就突出，主要表现在组织管理有序，学生状态稳定，实习效果显著。

二、准确定位人才培养目标

高等职业学院的人才培养目标不同于中等职业教育，也不同于大学普通教育，它具有鲜明的职业性和高技能性的特征。高等化工专业是培养面向生产一线的高素质技能型人才，即要求学生具有从事本专业实际工作的能力。就当前来看，化工专业岗位的技术含量不断提高，传统的就业岗位大大减少，新的职业岗位、技术密集型的岗位在不断推出，这必将要求从业者要具备适应发展了的职业岗位的能力。这就要求高职院校化工专业在定位时，首先要深入区域内比较发达的化工企业进行调研,及时掌握企业高新技术的应用状况及其对从业人员的要求,准确把握化工人才市场的走向,做好化工专业人才需求的预测,把区域优势作为培养目标定位的地方特色,科学定位,以适应本地区、本行业经济发展的需要和职业岗位或职业岗位群的需要。并组织有企业专家参与的专家组进行论证,因为离开了企业的参与,就会导致职业能力培养的事倍功半。

高等化工职业教育人才培养目标还要重视其可持续发展性。尽管高等化工职业教育培养的主要是高技能型人才,以针对性、应用性、实践性为核心,但是21世纪科学技术突飞猛进的发展,知识容量的不断扩大,对高等化工职业教育教育提出了更高的要求,要具有可持续发展性。一方面,要把本专业必须掌握的基础理论、基本知识和基本技能教给学生,以保证所培养人才的基本规格和质量;另一方面,还必须扩大学生的知识面,以适应市场经济条件下职业多变性的特点,为学生以后接受继续教育、终身教育提供基础和可能性。化工行业迅猛发展,职业岗位的内涵与外延处于不断变化中,随着新技术在生产中的迅速应用,产品更新换代周期越来越短。企业为了在激烈的市场竞争中立于不败之地,不得不千方百计改进生产工艺,淘汰旧产品,开发新产品。这样一来,对直接从事产品生产的技术人员的要求也就发生了变化,他们不仅要能胜任现有工作,还要能胜任将来变化了的工作岗位,化工高职生不能只适应于一个岗位。因此,要求化工高职教育培养一种新型的从业人员,这种新型从业人员应具备的条件是既懂得操作又通晓生产过程的基本原理的人才,他们不仅是能动手又能动脑的体力劳动和脑力劳动相结合的人员,而且具有创造性解决问题的能力,能不断适应岗位变化和职业变更,具有较强的就业弹性和工作适应性。因此,"能力"不仅限于胜任某一岗位的具体能力,也指相应职业领域的能力,即学生获得对职业岗位的良好适应性和可持续学习的能力;它不仅指操作或动作技能,而是职业能力的综合概念,包括知识、技能、经验、态度等完成职业岗位任务,胜任职业岗位资格的全面素质。它是化工行业中带共性要求的智能结构和能力构成要素,并非单指某具体岗位的就业技能或单项能力。

1.通过专业调研、分析职业岗位、分析典型工作任务和职业能力(见表1)。

表1　应用化工技术专业岗位群典型工作任务及职业能力分析

职业岗位(工作任务领域)		典型工作任务	职业能力
首次就业岗位	化工生产装置操作及维护岗	1.装置操作与调控、装置巡检; 2.设备维护; 3.交接班日志记录; 4.岗位操作原始记录;	1.仪表的使用、维护、保养能力; 2.岗位操作记录填写能力; 3.设备操作调控能力; 4.生产异常现象判断处理能力;
首次就业岗位	化工生产工艺运行控制岗	5.原料预处理过程工艺运行控制; 6.反应过程工艺运行控制; 7.粗产品精制过程工艺运行控制; 8.物料输送过程工艺运行控制; 9.交接班日志记录; 10.主控室装置监控及操作岗位操作原始记录。	5.工艺流程图识别能力; 6.仪表使用及维护能力; 7.反应过程运行控制能力; 8.物料输送过程控制能力; 9.传热过程控制能力; 10.精馏、吸收过程控制能力; 11.安全、环保设施使用能力; 12.生产异常现象判断处理能力; 13.岗位操作记录能力。

续表

职业岗位(工作任务领域)		典型工作任务	职业能力
发展岗位	化工生产技术及管理岗	1.检查工艺条件执行情况; 2.组织工艺培训; 3.参与处理生产中技术问题; 4.参与方案制订及实施; 5.参与开停车方案制订; 6.参与工艺改造及设备操作优化; 7.参与新型生产工艺的研制;	1.语言表达能力; 2.技术应用能力; 3.编写培训资料能力; 4.技术管理能力; 5.组织处理异常现象能力; 6.化工企业管理技能; 7.生产工艺改造设备操作优化的能力; 8.化学品研发能力,具有新型生产工艺研制的基本技能。

表2　工业分析与检验专业岗位群典型工作任务及职业能力分析

工作任务领域	典型工作任务	职业能力
工业分析与检验	1.文献检索; 2.分析方法选择及方案制订; 3.仪器与试剂的选用; 4.溶液的配制; 5.采样; 6.样品处理; 7.样品分析; 8.进行数据处理; 9.校核原始记录,填写检验报告; 10.分析检验误差产生的原因。	1.资料收集分析能力; 2.分析方法选择及方案设计能力; 3.选用仪器及试剂的能力; 4.一般溶液及标准溶液的配制能力; 5.采样能力; 6.样品处理能力; 7.化学分析,仪器分析操作能力,物理常数性能及检测能力; 8.数据处理能力; 9.发现问题,分析问题,解决问题的能力。

高职化工专业学生职业能力及培养策略

工作任务领域	典型工作任务	职业能力
环境监测	1. 文献检索； 2. 分析方法选择及方案的制订； 3. 仪器与试剂的选用； 4. 溶液的配制； 5. 采样； 6. 样品处理； 7. 环境质量指标检测； 8. 数据记录与处理，结果评价； 9. 环境质量指标的评价； 10. 化验室废弃物处理。	1. 资料收集分析能力； 2. 分析方法选择及方案设计能力； 3. 选用仪器及试剂的能力； 4. 一般溶液及标准溶液的配制能力； 5. 采样能力、样品处理及保存能力； 6. 环境保护法规及环境管理能力； 7. 条件控制与仪器操作能力； 8. 数据处理与结果评价能力，开具分析报告单的能力； 9. 环境质量指标评价能力； 10. 化验室废弃物处理能力。
食品分析	1. 文献检索； 2. 分析方法选择及方案制订； 3. 仪器与试剂的选用； 4. 溶液的配制； 5. 采样； 6. 样品处理； 7. 样品分析； 8. 数据的处理； 9. 校核原始记录，填写检验报告； 10. 分析检验误差产生的原因。	1. 资料收集、分析能力； 2. 分析方法选择及方案设计能力； 3. 选用仪器及试剂的能力； 4. 一般溶液及标准溶液的配制能力； 5. 采样能力； 6. 样品处理能力； 7. 化学分析，仪器分析操作能力，物理常数性能及检测能力； 8. 数据处理能力； 9. 发现问题，分析问题，解决问题的能力； 10. 对样品开具实验报告的能力。

第五章　高职化工专业学生职业能力培养的措施

续表

工作任务领域	典型工作任务	职业能力
化验室组织与管理	1. 化验室建设； 2. 规章制度的制定； 3. 仪器、化学试剂的申购； 4. 仪器、化学试剂的保管； 5. 仪器设备维护； 6. 安全管理； 7. 档案管理； 8. 质量管理。	1. 规划能力,实验室建设设计能力； 2. 日常管理能力； 3. 调研,计划编制能力； 4. 分类、保存及效能判断能力； 5. 仪器设备维护能力； 6. 安全管理能力； 7. 档案管理能力； 8. 质量管理能力。

表3　高分子材料加工专业岗位群典型工作任务及职业能力分析

职业岗位（工作任务领域）	典型工作任务	职业能力
成型加工工艺条件设定及操作	1. 塑料挤出成型(管、膜)； 2. 塑料注塑成型； 3. 塑料中空吹塑。	1. 能根据制品选择合适的成型加工设备； 2. 能对成型加工设备进行安全操作； 3. 能正确进行成型过程中工艺参数的设置； 4. 能根据制品缺陷来调整成型加工工艺参数； 5. 能对成型加工设备生产中紧急事故进行处理。

高职化工专业学生职业能力及培养策略

职业岗位（工作任务领域）	典型工作任务	职业能力
原辅材料检验和高分子材料测试	1. 塑料材料简易鉴别； 2. 塑料力学性能测定； 3. 塑料热性能测定； 4. 塑料工艺性能测定。	1. 能按产品质量要求确定分析项目和分析方法； 2. 能正确运用材料测试的设备、高分子材料加工实训的基本知识和技能，进行高分子原材料分析、成品及半成品质量检验； 3. 能正确处理实验数据和生产数据的能力； 4. 能正确给出检测评价报告。
高分子材料成型设备、模具的管理和维护工作	1. 成型设备的选择； 2. 常见故障处理。	1. 具有根据高分子材料加工生产要求，初步选用常用的机电控制仪表的能力； 2 具有根据生产要求，借助资料、手册，能正确选择高分子材料成型加工典型设备的能力； 3. 具有高分子材料成型加工工艺技术与设备使用和维护保养能力。

第五章　高职化工专业学生职业能力培养的措施

表4　化工设备维修技术典型工作任务及职业能力分析

工作任务领域（岗位）	典型工作任务	职业能力
化工机械维护与检修	化工用泵检修与维护	1.阅读技术资料的能力； 2.工作危害分析能力； 3.化工用泵的维护保养能力； 4.化工用泵的修理能力； 5.化工用泵的安装与调试能力。
	压缩机检修与维护	1.阅读技术资料的能力； 2.工作危害分析能力； 3.压缩机的维护保养能力； 4.压缩机的修理能力； 5.压缩机的安装与调试能力。
	分离机械检修与维护	1.阅读技术资料的能力； 2.工作危害分析能力； 3.分离机械的维护保养能力； 4.分离机械的修理能力； 5.分离机械的安装与调试能力。
	化工设备检修与维护	1.阅读技术资料的能力； 2.工作危害分析能力； 3.化工设备的维护保养能力； 4.化工设备的修理能力； 5.化工设备的安装与验收能力。
化工管道安装与检修	化工管道的安装与检修	1.技术资料阅读与理解能力； 2.测量工器具的选用与使用能力； 3.管道的安装能力； 4.管道的检验能力； 5.管道的管理与故障处理能力。

工作任务领域（岗位）	典型工作任务	职业能力
化工容器设计与制造	中低压容器的设计与制造	1. 沟通表达能力； 2. 化工工艺设计能力； 3. 产品结构设计能力； 4. 制造工艺设计能力； 5. 化工设备制造能力。

表5　化工安全专业典型工作任务及职业能力分析

职业岗位（工作任务领域）		典型工作任务	职业能力
就业岗位	安全生产技术员	1. 起草安全生产操作规程； 2. 编制重大危险源应急救援预案； 3. 检查工艺条件执行情况； 4. 组织工艺培训； 5. 参与处理生产中出现的技术问题； 6. 参与方案的制订及实施； 7. 参与开停车方案的制订。	1. 设备操作、调控、维护、保养能力； 2. 生产异常现象判断处理能力安全技术应用能力； 3. 编写安全规程、培训资料能力； 4. 技术管理能力； 5. 组织处理异常现象能力； 6. 语言表达能力。
	安全生产评价员	1. 对建设项目或生产经营单位存在危险、有害因素进行识别、分析和评价,提出预防、控制、治理对策措施； 2. 为建设或生产经营等单位进行危险、有害因素安全生产监督管理提供科学依据； 3. 编写安全评价相关文件； 4. 用计算机绘制较复杂图形。	1. 安全技术应用能力； 2. 工艺流程图识别能力； 3. 安全法律法规应用使用能力； 4. 生产异常现象判断处理能力； 5. 进行识别、分析和评价有害因素能力； 6. 语言表达能力。

第五章　高职化工专业学生职业能力培养的措施

续表

职业岗位（工作任务领域）		典型工作任务	职业能力
就业岗位	化工生产安全管理员	1.化工企业日常安全管理； 2.安全隐患排查； 3.应急救援管理。	1.工艺流程图识别能力； 2.安全法律法规应用使用能力； 3.生产异常现象判断处理能力； 4.语言表达能力。
	化工生产操作员	流体流动与输送、沉降与过滤、吸收、精馏、干燥等主要化工单元的操作	1.设备操作、调控、维护、保养能力； 2.生产异常现象判断处理能力； 3.工艺流程图识别能力； 4.语言表达、技术管理能力。

　　在对职业能力进行综合分析的基础上，结合职业岗位要求，提出人才培养目标，组织专家进行论证，确立方案。专业建设指导委员会对人才培养目标、课程标准等教学文件进行审议，通过后备案实施，并将实施评价结果进行及时反馈，建立起动态调整机制。

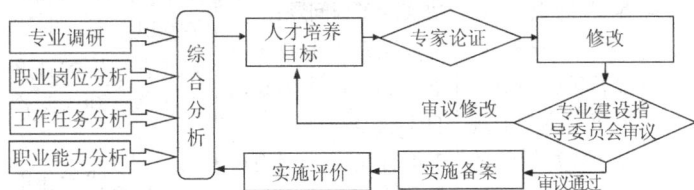

图1　人才培养目标定位

39

高职化工专业学生职业能力及培养策略

应用化工技术专业人才培养定位及目标规格,以潍坊职业学院为例。

表6　应用化工技术专业人才培养定位及目标规格

专业定位	立足潍坊,面向山东及周边地区,服务石油与化工产业。		
就业岗位	设备操作与维护岗、工艺运行控制岗、质量控制岗。		
培养目标	培养面向化工生产、建设、管理一线需要,拥护党的基本路线、方针、政策,德、智、体、美、劳全面发展,具有良好的职业道德和创新精神,具备化工职业岗位必备的基本知识和基本能力,能够从事化工生产装置操作及维护、工艺运行控制、质量控制等工作岗位群的高素质技能型专门人才。		
培养规格	职业知识	职业能力	职业素质
	1. 掌握本专业必需的人文社会科学、数学、基础英语和计算机知识; 2. 掌握专业必需的化学、化工基本知识和专业知识; 3. 掌握化工安全生产与环境保护、生产管理、产品营销的知识; 4. 了解本专业现状,相关行业的方针、政策和法规。	1. 能进行常见化工设备的基本操作和维护; 2. 能进行化工生产操作; 3. 能从事企业生产工艺控制、DCS控制和生产管理; 4. 能进行产品质量控制; 5. 能利用所学知识解决实际工程问题; 6. 能跟踪专业技术发展、探求和更新知识的自学能力; 7. 能自我管理、具有可持续发展能力和创新能力。	1. 具有责任意识、爱岗敬业、团队合作、遵章守纪、诚实守信等良好职业道德; 2. 具有良好的身体心理素质,吃苦耐劳的品质,开拓进取的创新创业精神; 3. 具备从事本专业安全生产、环境保护等意识; 4. 具有一定的社会交往能力和人际沟通能力。 5. 具有实践操作能力和择业就业能力。

续表

职业资格证书	化工总控工、有机合成工、化学检验工

三、开发有利于职业能力培养的课程体系

根据高职院校化工专业学生职业能力要求,立足于区域经济和社会发展的实际,结合高职教育人才培养的特点,紧盯当代科技发展的趋势和国际形势的变化,适应未来就业市场对人才的需求,选择具有实用性和针对性的内容,重构化工专业课程体系。

课程体系是指教学中诸多课程互相联系而构成的整体。这个体系以一条主线互相联系,否则就不能成为一个体系。所谓体系就是一个系统,课程体系是指一个专业或专业群的结构体系,它是诸多课程相互联系而构成的整体,也可以是一门课的结构体系。本文所指课程体系是指一个专业或专业群的结构体系,它是教学中头等重要的问题。它之所以重要,是因为课程体系直接关系到怎样构成学生合理的知识结构。关系到所培养的学生的职业能力,是职业能力培养的关键所在。可是,这个问题却长期被忽视了,任课教师只是从自己的课程出发,缺少从整体上看问题的全局观点。学校负有培养人才的主要任务,而培养人才又是通过课程教学来实现的。一所学校往往要开设几千门课程,一个专业至少也要开设几十门课程。应当怎样设计这些课程,它们彼此又是什么样的关系?这是我们应当认真研究的问题。

高职教育改革涉及很多方面,但对课程体系的改革却一

直是一个薄弱环节。同时,课程体系是不断发展的,不同类型的学校,其课程体系也不尽相同。因此,我们在研究或是采用某种课程体系时,必须从建立本校的特色出发。正如美国卡内基促进教学基金会的波依尔(Ernest Boyer,1928—1995)博士所说:"每所大学和学院应为自己的特色而自豪,都应要求弥补其他学校的不足,而不是一味模仿。",高职院校应当为社会培养和输送技能型技术人才。那么,我国高职的课程体系究竟是什么样的呢?它又是什么时候形成的呢?这个问题恐怕很少人认真思考过。我之所以要提出这个问题,是想说明课程体系改革的重要性和迫切性。高等职业院校课程体系如果违反了教育规律,所造成的不良后果是严重的,甚至是长远的,它是以专业知识为主线而构成课程体系,是由基础课、专业基础课和专业课构成的。高等职业教育课程体系几乎一直处于"本科压缩型"的状态,对于这样的体系,虽然不能说完全没有丝毫的改革,但那只是添枝加叶式的改良,根本没有触及课程体系的本源,没有解决怎样整合知识。各类课程彼此依然没有内在的联系。因此,我认为关于课程体系的改革,是一个至今仍然被忽视的重要问题。为什么课程体系的改革未引起足够的重视呢?我认为有两个原因,即缺少系统或整体看问题的方法。一门课程是具体的,就如一棵树一样,而课程体系犹如森林,似乎显得很抽象,不容易引起人们的重视。其实,课程体系在整个教学中处于核心地位,它不仅决定了课程教学的有效性,而且也决定着学生的合理知识结构。其次是对课程体系的误解。现在,我们也常常看到一些关于课程体系改革的报道,细致研究后发现,那些改革都仅仅局限于一门课程的体系的改革。当然,这些改革也是必要的,但它们仅仅只是局部的改革,是属于微观课程体系,与从总体上构建课程体系和知识体系是不同的。专业课程体系与一门课程的关系，犹如本与末的关系。如果只抓一门课程体的改革，只能是舍本逐末，不能从整体上设计培养学生的规格。改革陈旧的课程体系，构建更加科学、合理和适用的课程体系，这已是摆在我们面前的一项重要任务。我认为，高等职业教育改革始终应当以教学改革为重点，它是学校的经常性的基本任务。基于这种认识，学校应该紧紧围绕着教学制度进行大胆的改革，极大地调动教与学两方面的积极性。在此基础上，推行教学改革，重点放在课程体系的改革上。毋庸讳言，课程体系的改革似乎是目前高等职业教育改革中的一个盲点，为数不少的人并不了解课程体系改革的重要意义，也未能提出整体的构想。

　　构建化工人才的合理结构是化工行业正常运行的保证，教育类型的合理结构又是化工人才结构合理的基础。教育类型的合理结构主要体现在各类型教育的培养目标、办学定位上，高等职业学院的教学目标不同于中等职业教育，也不同于大学普通教育，它具有鲜明的职业性，其培养目标强调"高技能型"，即要求学生在具备必要基础理论和专门知识的基础上，具有从事本专业实际工作的能力，以适应本地区、本行业经济发展的需要和职业岗位或职业岗位群的需要。这就决定了高职院校在办学过程中，只有把能力培养放在首位，既注重学生综合职业能力的培养，更注重学生专业岗位能力的培养，才能走出一条长效的发展道路。而能否达到既定的教学目标，很大程度上有赖于课程体系的构建。为了实现高等职业教育人才培养目标和人才培养规格，必须构建合理的课程体系。专业课程设置要充分体现职业岗位的专业能力要求，在进行化工职业岗位能力分析的基础上，立足于学生职业能力的培养,按需施教。着眼于职业知识和能力的提升,而组织理论和实践教学。着眼于产业结构和产品结构的调整、补充、更新,选择教学内容与构建课程结构,体现职业能力要求而形成课程体系。这种体系应是打破学科型的教学模式,建立以职业能力为中心的教学体系,理论教学与实践教学相融合。

随着新技术在生产中的迅速应用,产品更新换代的周期越来越短。"低碳经济"的提出,也要求化工企业千方百计改进生产工艺,淘汰旧产品,开发新产品。这样一来,对直接从事产品生产的技术人员的要求也就发生了变化,化工高职生不仅要能胜任现有工作,还要能胜任将来变化了的工作岗位。因此,新形势要求职业教育培养一种新型的从业人员,这种新型从业人员应具备对职业岗位的良好适应性和可持续学习的能力,具备知识、技能、经验、态度等完成职业岗位任务,胜任职业岗位资格的全面素质。对于如何提高自己的办学能力?今后培养的学生能否适合社会需求?适合企业的用人需要?大家都摸着石头过河,试图找到成功的经验。但毕竟高职教育是近几年才发展起来的,化工高职教育仍没有自己严谨的课程体系。但长期以来人们在教学研究上习惯于采取单一刻板的思维方式,比较重视用分析的方法对教学的各个部分进行研究,而忽视各部分之间的联系或关系,缺乏教学活动的特色和可操作性。不仅如此,人们开展的都是宏观研究,具体到化工专业的研究成果很少。而随着科学技术的不断发展和多媒体技术的应用,教学也在发生变革,时代在呼唤新的课程体系。

而本研究正是在此背景下,在对化工专业学生职业能力培养作了深入系统的研究基础上,对构建化工专业合理的课程体系进行了深入思考,试图构建有建设性的课程体系。

第五章 高职化工专业学生职业能力培养的措施

构建思路：

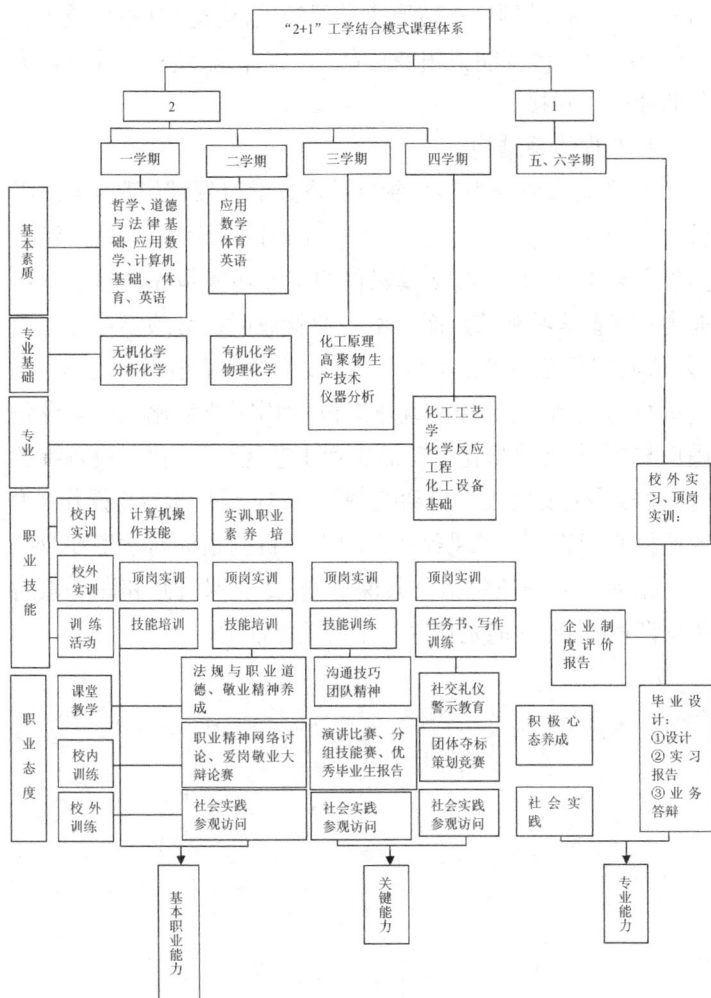

图2 课程体系示意图

依据岗位要求的知识、素质和能力,通过调研区域内典型

高职化工专业学生职业能力及培养策略

化工生产过程—分析职业岗位—分析典型工作任务和职业能力—归纳为行动领域—转换成学习领域,构建"基本素质平台+专业能力平台+能力拓展平台"课程体系,使专业课程内容与职业标准对接。

1.课程体系结构

本课程体系分为三个领域:公共学习领域(基本素质平台)、专业学习领域(专业能力平台)和拓展学习领域(能力拓展平台)。公共学习领域课程的主要功能是提高学生基本能力;专业学习领域是面向本专业就业岗位必须学习专业课程,从典型化工生产过程出发,主要围绕设备操作与维护、工艺运行与控制、质量控制就业岗位,确定《典型化工单元设备操作与控制》《典型化工产品生产工艺运行》《化工设备维护与检修》《化工仪表与自动控制》《反应器的选型与操作》为专业核心课程;这些课程开设的主要目的是提高学生专业能力。拓展学习领域包括公共课选修、专业课选修和课外素质拓展课程,主要功能是培养学生的关键能力。

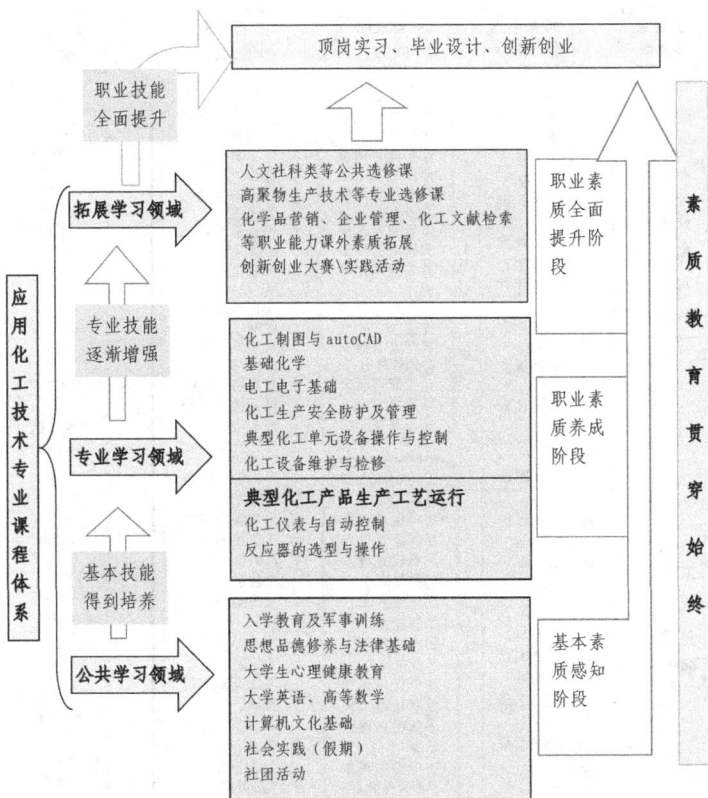

图3 课程体系结构

2. 构建专业课程体系

以职业能力培养为核心,构建专业课程体系思路如图4所示。

高职化工专业学生职业能力及培养策略

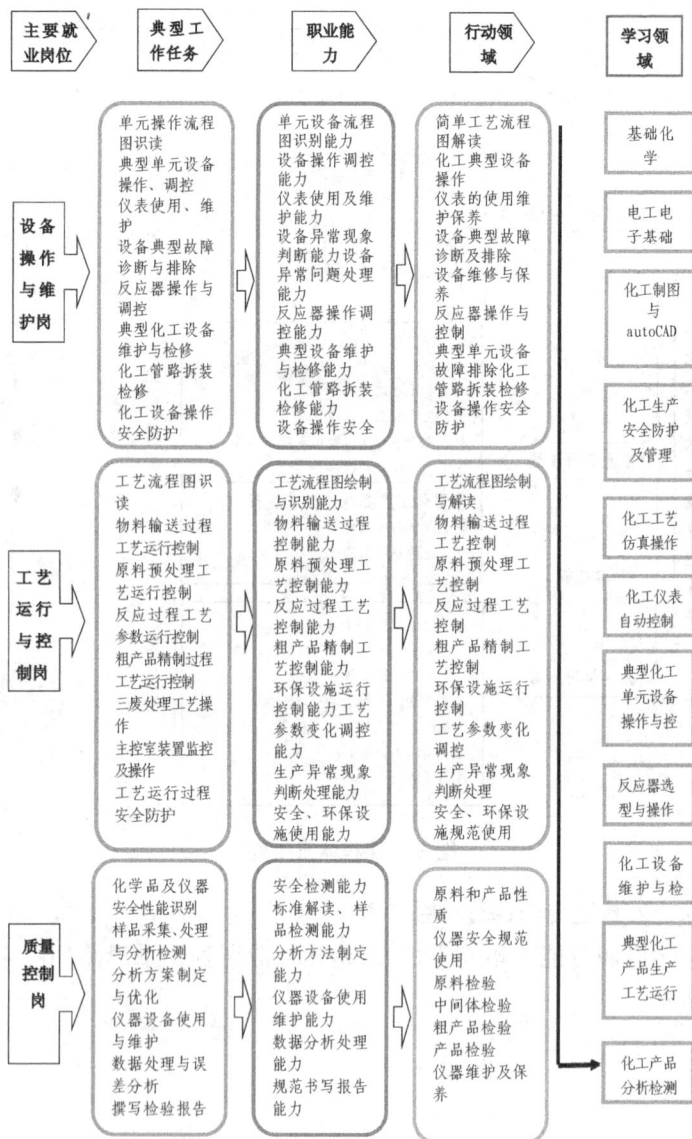

主要就业岗位	典型工作任务	职业能力	行动领域	学习领域
设备操作与维护岗	单元操作流程图识读 典型单元设备操作、调控 仪表使用、维护 设备典型故障诊断与排除 反应器操作与调控 典型化工设备维护与检修 化工管路拆装检修 化工设备操作安全防护	单元设备流程图识别能力 设备操作调控能力 仪表使用及维护能力 设备异常现象判断能力设备异常问题处理能力 反应器操作调控能力 典型设备维护与检修能力 化工管路拆装检修能力 设备操作安全	简单工艺流程图解读 化工典型设备操作 仪表的使用维护保养 设备典型故障诊断及排除 设备维修与保养 反应器操作与控制 典型单元设备故障排除化工管路拆装检修 设备操作安全防护	基础化学 电工电子基础 化工制图与autoCAD 化工生产安全防护及管理 化工工艺仿真操作 化工仪表自动控制 典型化工单元设备操作与控 反应器选型与操作 化工设备维护与检 典型化工产品生产工艺运行 化工产品分析检测
工艺运行与控制岗	工艺流程图识读 物料输送过程工艺运行控制 原料预处理工艺运行控制 反应过程工艺参数运行控制 粗产品精制过程工艺运行控制 三废处理工艺操作 主控室装置监控及操作 工艺运行过程安全防护	工艺流程图绘制与识别能力 物料输送过程控制能力 原料预处理工艺控制能力 反应过程工艺控制能力 粗产品精制工艺控制能力 环保设施运行控制能力工艺参数变化调控能力 生产异常现象判断处理能力 安全、环保设施使用能力	工艺流程图绘制与解读 物料输送过程工艺控制 原料预处理工艺控制 反应过程工艺控制 粗产品精制工艺控制 环保设施运行控制 工艺参数变化调控 生产异常现象判断处理 安全、环保设施规范使用	
质量控制岗	化学品及仪器安全性能识别 样品采集、处理与分析检测 分析方案制定与优化 仪器设备使用与维护 数据处理与误差分析 撰写检验报告	安全检测能力标准解读、样品检测能力 分析方法制定能力 仪器设备使用维护能力 数据分析处理能力 规范书写报告能力	原料和产品性质 仪器安全规范使用 原料检验 中间体检验 粗产品检验 产品检验 仪器维护及保养	

图4 专业课程体系

四、创新人才培养模式

以能力培养为核心,以校企合作为途径,以工学结合为平台,充分利用学校、企业和社会教学资源,创新实施"学岗交融"人才培养模式,促进教学过程与生产过程相结合。

"学岗融通,分段递进"是指学生的学习过程与岗位工作过程融通,包含四个方面:教学内容与职业岗位需求融通,实训场所与岗位工作环境融通,技能训练与岗位操作融通,技能考核与岗位证书融通。"分段递进"是指培养过程分为四个阶段:第一阶段(第一、二学期)主要是通用基础知识及基本技能的学习培养阶段,着重培养学生的基本素质和化工基础知识与技能;第二阶段(第三学期)是专业理论知识与实践技能的校内强化阶段;第三阶段(第四、第五学期)是课堂进车间、学习实境化阶段;第四阶段(第六学期)是学生顶岗实习与毕业设计阶段,着重培养学生的职业综合能力,使学生了解企业文化、掌握职业岗位所需要的实际知识、技能和素养,全面提升学生的从业素质。人才培养过程与生产实践相融合。人才培养模式见图5。

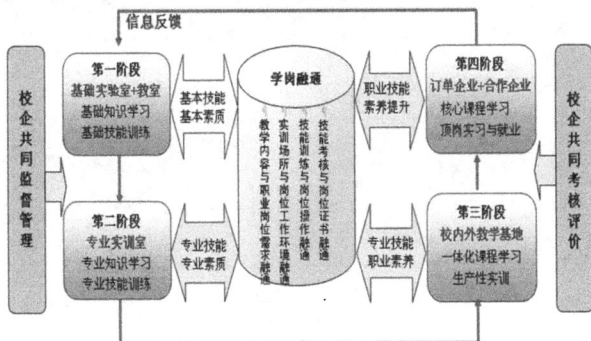

图5　"学岗融通"人才培养模式

五、以职业能力的培养为依据,制订特色鲜明的教学计划

教学计划如何制订,直接关系到所培养的学生的职业能力,这是职业能力培养的关键所在。

(一)专业课程设置要充分体现职业岗位的专业能力要求

在进行化工职业岗位能力分析的基础上,立足于学生职业能力的培养,按需施教。

表7　应用化工技术专业课程设置与教学计划设计

课程领域	课程性质	课程代码	课程名称	学分	学时	计划学时			各学期课内周学时分配						考核方式	实践场所
						整周实践	课堂教学 理论	实践	一 24	二 22	三 26	四 24	五 1 8w	六 14w		
公共学习领域	公共基础	100102	毛泽东思想和中国特色社会主义理论体系概论	4	64		48	16		3						
		100101	思想道德修养与法律基础	3	48		32	16	2		讲座	讲座				
		100103	形势与政策	1	16		16			讲座						
		100401	体育	4	64			64	2	2						
		080101	英语	8	128		128		4	4					★	
		060501	计算机文化基础	4	64		32	32		4						
		100201	高等数学	6	96		96		6						★	
		100308	大学生职业发展与就业指导	3	48		32	16	讲座	讲座	讲座	讲座				
		100307	大学生心理健康教育	1	16		16		讲座	讲座						
		100301	应用文写作	2	32		24	8			2					

高职化工专业学生职业能力及培养策略

课程类别	代码	课程名称	学分	总学时	周	讲授	实践	一	二	三	四	考核	课外
公共实践	000001	劳动教育	1	28	1w	28							⊕
	000002	入学毕业教育	0.5	14	0.5w	14							
	000003	国防教育与军训	1.5	42	1.5w	14	28						⊕
		社团活动	4										
	小计		39	660	3	452	208	14	13	2	0		
专业学习领域 专业基础课程	050507	化工制图与autoCAD	3.5	56		40	16	4				★	
	050106	基础化学	11	180		100	80	6	6			★	
	050201	化工安全防护及管理	4	60		48	12			4		★	
	050202	化工单元操作	5.5	90		60	30			6		★	
	050314	环境保护基础	3	48		30	18		4				
专业方向课程	050203	反应器的选型与操作	4	62		40	22				4	★	
	050501	化工设备操作与维护	4	60		40	20				4	★	
	050205	化工生产典型工艺	5.5	90		60	30				6	★	
	050206	化工仪表及自动控制	4	62		40	22				4	★	

续表

课程类别	课程代码	课程名称	学分	学时	周	理论	实践					备注
专业实践课程	050207	岗位认知实习	1	28	1w		28					⊕
	050208	化工单元操作综合实训	1	20	1w		20					
	050209	化工管路拆装与维护	1	20	1w		20					
	050210	化工工艺仿真操作	3	60			60				2	
	050211	化工总控工操作培训	1	20	1w		20					
	050310	分析技能训练	1	20	1w		20					
	050406	有机合成综合实训	1	20	1w		20					
	050507	化工绘图CAD实训	1	20	1w		20			2		⊕
	050212	顶岗实习	18	504	18w		504					⊕
	050213	毕业实习（论文）	14	392	14w		392					⊕
小　计			86.5	1812	39	458	1354	10	6	16	20	
合　计			125.5	2472	42	910	1562	24	19	18	20	

高职化工专业学生职业能力及培养策略

拓展学习领域		课程编号	课程名称	学分	学时	考查	讲授	实验	第三学期	第四学期	第五学期	第六学期
公共选修课			人文社科类	6	96		96					
			经济管理类									
			自然科学类									
			艺术体育类									
			小计	6	96		96					
专业选修课		050214	电工电子基础	3	50		30	20		3		
		050302	仪器分析	5	80		40	40			5 ★	
		050401	高聚物生产技术	4	60		40	20			4	
课外素质拓展			课外素质活动	8		8						
	化工职业能力		化学品营销				10	10				4
		050204	化工企业管理	3	60		20	0				
			化工文献检索				8	12				
			小计	12	190	0	110	80	24	3/22	9/27	4/24
			总计	143.5	2758	42	1116	1642	24	22	27	24（14周/1~8周）

第五章 高职化工专业学生职业能力培养的措施

表8 应用化工技术专业专业能力训练计划设计

序号	实习、实训项目	学期	周数/学时	主要内容及要求	地点
1	入学教育	一	3周	入学教育：专业介绍(专业内容、必备的专业技能、适用范围、就业方向等)	校内
2	岗位认知实习	二	1周	认知实习是本专业的学生在学习所有专业课前所进行的一次工厂岗位实践性教学环节。学生实习的任务是通过岗位认识实习,了解上岗前应具备的化工生产知识和操作技能,更加明确学习目标,将所学运用于化工生产中,同时培养学生爱岗敬业的劳动观念	校外实训基地
3	化工单元操作综合实训	三	1周	以典型化工单元项目操作为载体,对接生产岗位(精馏操作、吸收操作、流体输送操作、干燥操作、传热操作等)工程化、场景化操作实训,使学生掌握较扎实的化工单元过程生产知识及基本操作方法,培养实践技能和职业素养	校内实训基地
4	有机合成综合实训	三	1周	从生产实际出发,以岗位技能培训为主线,通过典型精细化工品涂料、乙酸乙酯等合成操作实训,培养学生运用理论知识指导生产操作、分析解决问题的实际能力	校内实训基地

续表

序号	实习、实训项目	学期	周数/学时	主要内容及要求	地点
5	化工工艺仿真操作	三、四	60学时	利用仿真操作系统学习化工生产过程中的精馏、吸收解吸、反应器等工作的基本原理、控制方法、事故处理能力，以提高学生的单元设备的操作能力和利用DCS进行化工操作能力	校内实训基地
6	化工管路拆装与维护	三	1周	学习化工生产中的管道、设备的流程、组成、结构，认识管道、管件、阀门及相关仪表及其相互连接、安装及拆装方法，提高动手能力，并初步具有管道、设备维护保养的能力等	校内外实训基地
7	化学总控工操作培训	四	1周	精馏、吸收等DCS操作实训，培养学生运用中控理论知识及工艺参数控制、故障处理等解决问题实际能力	校内实训基地
8	分析技能训练	二	1周	滴定分析、重量分析、仪器分析、物性测试、仪器仿真等，从生产实际出发，培养学生运用分析检验理论知识进行产品定性定量测定和分析解决问题的实际能力	校内实训基地
9	化工制图与CAD实训	一	1周	从实际工作任务出发，培养学生学生运用所学理论知识进行手工测绘及autoCAD制图的能力	校内实训基地

序号	实习、实训项目	学期	周数/学时	主要内容及要求	地点
10	顶岗实习毕业论文	五、六	32周	要求学生掌握实习车间（工段）的生产流程，工艺原理及操作方法，画出工艺流程图。了解原料及产品的要求，物化性质和分析方法；了解生产操作规程及各岗位的相互联系；熟悉实习的岗位责任制，在师傅的指导下跟班学习正常操作；了解主要控制、测量仪表的简单原理和使用方法；掌握化工安全生产措施，学会常见故障、事故的处理方法；掌握生产中"三废"的处理方法及利用情况；了解生产中技术改造的内容，以及提高产品质量的途径和方法；了解车间劳动组织的生产管理。通过工厂实际实习，获得真实的生产实践知识和操作技能，将所学知识应用于化工生产中，同时培养学生爱岗敬业、团结协作的精神。学生通过全面运用所学基本理论和专业知识，来分析、解决并完成一个实际的化工课题，提高独立工作能力。毕业课题可以是设计或论文。设计应尽可能结合生产实际选题，也可选择专题试验项目或解决工厂生产实际问题代替设计，即以论文形式完成	校外实训基地
	合计		42周+60学时		

表9 应用化工技术专业综合职业能力训练计划设计

<table>
<tr>
<td rowspan="2">实习目标</td>
<td colspan="4">　　通过工厂实习,学生能用理论和专业知识来分析、解决生产问题,并获得实践知识和岗位操作技能,同时培养学生爱岗敬业、团结协作的精神、培养成良好的职业素养;</td>
</tr>
<tr>
<td colspan="4">　　学生通过完成一个实际的化工生产或检测实际产品,完成课题设计或论文。设计应尽可能结合生产实际选题,也可选择专题试验项目或解决工厂生产实际问题代替设计,即以论文的形式完成</td>
</tr>
<tr>
<td rowspan="7">实习安排</td>
<td colspan="2">实习项目</td>
<td>周数 /学时</td>
<td>实习内容</td>
<td>实习</td>
</tr>
<tr>
<td colspan="2">企业安全知识入厂教育</td>
<td>2 周</td>
<td>安全及企业文化</td>
<td>企业</td>
</tr>
<tr>
<td rowspan="4">岗位实践操作</td>
<td>职业素养、劳动组织、工艺流程</td>
<td>6 周</td>
<td>熟悉实习车间(工段)的生产流程,工艺原理及操作方法</td>
<td>企业</td>
</tr>
<tr>
<td>原料、产品质量控制</td>
<td rowspan="3">10 周</td>
<td rowspan="3">按岗位规定稳定操作本实习车间(工段)的生产设备、工艺运行</td>
<td rowspan="3">企业</td>
</tr>
<tr>
<td>车间岗位操作</td>
</tr>
<tr>
<td>总控岗位操作</td>
</tr>
<tr>
<td colspan="2">毕业设计</td>
<td>14 周</td>
<td>根据岗位内容选择课题,设计成专题报告或毕业论文</td>
<td>企业</td>
</tr>
<tr>
<td rowspan="4">教师要求</td>
<td colspan="4">　　1. 具备讲师或工程师以上职称,具备 5 年以上企业工作经历,能够熟悉化工生产过程;</td>
</tr>
<tr>
<td colspan="4">　　2. 能根据教学法设计教学情境,能够按照设计的教学情境实施教学;</td>
</tr>
<tr>
<td colspan="4">　　3. 具有扎实的专业理论知识与教学能力,化工操作控制能力;</td>
</tr>
<tr>
<td colspan="4">　　4. 具有较强的教学组织与管理的能力</td>
</tr>
</table>

续表

学生要求	1. 化工生产岗位操作操作基础知识、操作技能; 2. 注重工作保护和生产安全的能力,培养成良好的职业素养; 3. 具备一定的文字材料组织、撰写论文能力; 4. 具有沟通能力及团队协作的精神; 5. 具有获取和应用知识自主学习的能力
实习考核	应用化工技术专业学生顶岗实习考核参照《化学工程学院顶岗实习管理办法》给予评价,实习总评成绩由实习单位指导教师评出的成绩(占60%)、校内指导教师评出的成绩(占20%)和毕业论文答辩成绩(占20%)折算而成;等级分为优秀($\chi \geq 90$分)、良好($90 > \chi \geq 80$)、中等($80 > \chi \geq 70$)、合格($70 > \chi \geq 60$)、不合格($\chi < 60$)五个等级

表10　应用化工技术专业核心职业能力训练计划设计

序号	项　目	时间安排
1	学生交往与公务礼仪	第一学年第一学期
2	克服青春期烦恼 健康快乐成长	第一学年第一学期
3	当代大学生团队精神	第一学年第二学期
4	压力分析及应对	第一学年第二学期
5	科技引导下的未来生活	第一学年第二学期
6	大学生创业就业指导	第二学年第一学期
7	先进技术的发展动态	第二学年第一学期
8	科技论文(或毕业论文)写作	第二学年第二学期
9	创新设计与实践	第二学年第二学期
10	从校园文化与企业文化融合看创业就业	第二学年第二学期

表 11　工业分析与检验专业教学计划设计

课程领域	课程性质	课程代码	课程名称	学分	学时	计划学时·整周实践	课堂教学·理论	课堂教学·实践	一	二	三	四	五	六	考核方式	实践场所
公共学习领域	公共基础	100102	毛泽东思想和中国特色社会主义理论体系概论	4	64		48	16	22	22 / 3	25	24				
		100101	思想道德修养与法律基础	3	48		32	16	2							
		100103	形势与政策	1	16		16		讲座	讲座	讲座	讲座				
		100401	体育	4	64			64	2	2						
		080101	英语	8	128		128	0	4	4						
		060501	计算机文化基础	4	64		32	32		4					★	
		100201	高等数学	6	96		96		6						★	
		100308	大学生职业发展与就业指导	3	48		32	16	讲座	讲座	讲座	讲座				

续表

类别	课程代码	课程名称	学分	学时	周	讲授	实验	讲座	讲座	讲座	讲座	考核	备注
公共实践	100307	大学生心理健康教育	1	16		16				2			课外
	100301	应用文写作	2	32		24	8					★	
	000001	劳动教育	1	28	1w		28						课外
	000002	入学毕业教育	0.5	14	0.5w	14							
	000003	国防教育与军训	1.5	42	1.5w	14	28						
		社团活动	4										课外
		小计	39	660	3	452	208	14	13	2	0		
专业学习领域（专业基础课程）	050101	无机化学	3	48		36	12	3				★	
	050103	有机化学	3	48		38	10	3				★	
	050301	实验室组织与管理	2	32		22	10	2					
	050105	物理化学	3	48		38	10		3			★	
	050102	化学分析	6	96		40	56		6			★	
	050302	仪器分析	6	96		40	56		6			★	

续表

课程代码	课程名称	学分	学时	讲课	实践	学期分布Ⅰ	学期分布Ⅱ	学期分布Ⅲ	标记
050304	化工产品分析实训	6	96	30	66	6			★
050215	化工基础	6	96	60	36		6		★
050305	工业分析	6	96	36	60	6			★
050306	食品分析	2	32	16	16	4			★
050307	环境监测	4	64	38	26	4			
050308	石油产品分析	3	48	32	16		3		★
050314	水污染控制技术	4	64	40	24	4			
050309	岗位认知实习	1	28	1w	28			1w	
050310	分析技能训练	1	20	1w	20			1w	
050208	化工单元综合实训	1	20	1w	20		1w		
050310	中（高）级化学检验工技能实训	1	20	1w	20		1w		
050311	工业分析综合实训	1	20	1w	20	1w			
050312	顶岗实习	18	504	18	504	1w			⊕

专业方向课程
专业实践课程

62

续表

课程代码	课程名称		学分	学时	学分	讲授	实践	8	9	19	20	⊕	课外
050313		毕业实习	14	392	14	392					20		
	小计		91	1868	37	466	1402	22	22	21	20		
	合计		130	2528	40	918	1610						
公共选修课		人文社科类	6	96	6	96							
		经济管理类											
		自然科学类											
		艺术体育类											
	小计		6	96		96							
专业选修课（拓展学习领域）	050204	化工职业能力（化学品营销／化工企业管理／化工文献检索）	3	60		40	20				4		
	050201	化工安全防护与管理	4	60		48	12			4			

高职化工专业学生职业能力及培养策略

课程模块	考核	学分	总学时	讲课学时	实践学时	集中实践（周w）	学期①	学期②	学期③	学期④
课外素质拓展　课外素质教育活动		8				8				
小　计		7	120	88	32	8	0	0	4	4
总　计		143	2744	1102	1642	40	22	22	25	24

注：1. ★ 表示考试，其余为考查；

2. ① 表示课程实践（课外）；w 表示集中实践教学周；

3. 课外素质拓展模块不计入总学时、总学分；

第五章　高职化工专业学生职业能力培养的措施

表12　工业分析与检验专业专业能力训练设计

序号	实习、实训项目	学期	周数/学时	主要内容及要求	地点
1	入学教育	一	3周	入学教育：专业介绍（专业内容、必备的专业技能、适用范围、就业方向等）	校内
2	认知实习	二	1周	认知实习是本专业的学生在学习专业课前，所进行的一次工厂岗位实践性教学环节。实习的任务是学生通过岗位认识实习，了解上岗前应具备的分析检验知识和操作技能，更加明确学习目标、所学知识在实际生产中的重要性，同时培养学生爱岗敬业的劳动观念	校内外实训基地
3	化学技能训练	二	1周	训练学生的分析仪器规范操作技能、容量仪器的校正和定量化学分析检验技能，从生产实际出发，培养学生运用分析检验技术进行产品定量测定、分析解决问题的实际能力	校内实训室
4	中（高）级分析检验工技能实训	三	1周	根据分析检验工中（高）级工考纲要求，有目的地训练学生的化学分析操作技能、仪器分析操作技能、常用仪器故障检验与排除等分析检验技术	校内实训基地
5	化工单元综合实训	三	1周	从生产实际出发，以岗位技能培训为主线，通过典型化工单元过程（精馏、吸收、萃取、干燥、液体输送、传热、过滤及反应器等）工程化、场景化操作实训，使学生掌握较扎实的化工单元过程生产知识及基本操作方法，培养学生运用化工理论知识指导生产操作、分析解决问题的实际能力	校内实训基地

高职化工专业学生职业能力及培养策略

序号	实习、实训项目	学期	周数/学时	主要内容及要求	地点
6	工业分析综合训练	四	1周	针对具体物料进行综合分析	校内实训基地
7	顶岗实习	五	18周	要求学生了解实习岗位的工作流程；熟悉实习岗位的岗位责任和意义；在师傅指导下跟班学习，正常操作；在真实工作环境下充分理解掌握分析检验的目的、原料及产品的要求、物化性质；参与分析方法选择、方案制订、仪器试剂选用、溶液配制、采样、样品处理、样品分析、数据处理、检验结果评价和报告，并能独立顶岗；掌握生产中"三废"的处理方法及利用情况；了解车间劳动组织的生产管理。通过工厂实际实习，获得真实的生产实践知识和操作技能，将所学知识应用于生产实际，同时培养学生爱岗敬业、吃苦耐劳、团结协作的精神	校外实训基地
8	毕业实习	六	14周	通过毕业实习，增强学生的责任心，提高学生的独立工作能力、沟通、组织、协调能力，全面运用所学基本理论和专业知识分析、解决实际问题的能力，综合提高学生的专业能力和职业能力，实现学习就业零对接	企事业单位企事业单位
	合计		40周		

66

第五章　高职化工专业学生职业能力培养的措施

表13　工业分析与检验专业综合职业能力训练计划设计

<table>
<tr><td>实习
目标</td><td colspan="4">顶岗实习是学生学完分析与检验专业相关理论和实验教学后而进行的一项实践性教学环节；通过顶岗实习了解企业分析检验岗位的工作流程和工作规范，熟练分析检验岗位的操作技能，培养学生运用专业知识解决问题的能力，提高独立工作的能力，体验企业的组织结构、规章制度，培养学生的敬业精神和责任意识，结合岗位内容设计完成毕业论文，为今后走上工作岗位，在思想上、心理上、业务上做好准备</td></tr>
<tr><td rowspan="5">实习
安排</td><td>实习
项目</td><td>周数
（学时）</td><td>实习内容</td><td>实习
地点</td></tr>
<tr><td>岗前
培训</td><td>2周</td><td>了解企业组织结构、规章制度和化验室工作规范</td><td>企业</td></tr>
<tr><td>顶岗
前学
习</td><td>6周</td><td>跟班学习，了解产品的生产流程和原理，学习从取样到检测到提交报告的整个检测过程</td><td>企业</td></tr>
<tr><td>顶岗
实践</td><td>１０
周</td><td>独立进行实际产品的分析检测工作；根据岗位工作内容，写出"顶岗实习岗位技术总结报告"和产品检测方法等</td><td>企业</td></tr>
<tr><td>毕业
设计</td><td>１４周</td><td>根据岗位内容选择课题，设计成专题报告或毕业论文</td><td>企业</td></tr>
<tr><td>教师
要求</td><td colspan="4">1. 根据被指导学生实习不同的单位、岗位及要求，会同实习单位确定具体实习内容并拟订实习计划；
2. 积极主动向顶岗实习单位了解情况，会同企业指导教师共同根据学生的实习岗位对专业能力、专业素质等进行具体指导，可采取定时、定点到企业现场指导与电话指导、在线指导等相结合的方式；
3. 指导学生填写实习记录和撰写"顶岗实习岗位技术总结报告"、评定实习成绩等。</td></tr>
</table>

续表

学生要求	1. 学生进入顶岗实习前,明确顶岗实习工作的任务、要求和相关规定; 2. 遵守顶岗实习单位的规章制度,服从安排; 3. 完成各项顶岗实习任务,填写实习手册、实习报告等相关实习材料; 4. 完成毕业论文
实习考核	工业分析与检验专业学生顶岗实习阶段的考评注重过程性、阶段性和技能性,总成绩由校内指导教师的考核评定和企业对顶岗实习生的考核评定构成,具体为: 企业对学生独立顶岗阶段的表现进行考评,占总成绩的60%; 指导教师对学生顶岗实习阶段的表现考评,占总成绩的20%; 学生毕业论文答辩得分,占总成绩的20%。 成绩评定等次:综合实习成绩等第设为优秀($\chi \geqslant 90$分)、良好($90 > \chi \geqslant 80$)、中等($80 > \chi \geqslant 70$)、合格($70 > \chi \geqslant 60$)和不合格($\chi < 60$)五个等级

表 14 业分析与检验专业核心职业能力训练设计

序号		活动类别	活动内容
1	核心职业能力	思想道德素质类	党团活动 爱国主义主题教育活动 形式、政策讲座 暑期"三下乡"社会实践 感恩主题教育活动
2		科学文化素质类	大学生科技文化艺术节活动 课外学术科技作品竞赛 化工行业前沿讲座 化工专业技能竞赛

续表

序号		活动类别	活动内容
3		人文素质类	经典诵读 演讲比赛 辩论赛 征文比赛 敬老爱幼志愿服务
4		身心素质类	运动会、军事训练、球类比赛、 心理健康专题讲座 团体心理辅导 心理素质拓展训练 心理情景剧表演
5		职业素质类	优秀毕业生经验交流会 职业生涯规划 "企业家进校园"专题活动 "模拟面试"、"化学品营销"等职业发展 专题 企业文化调研活动 礼仪知识讲座 顶岗实习、毕业设计 创新创业

表15 高分子材料加工技术专业课程设置及教学计划设计

课程领域	课程性质	课程代码	课程名称	学分	学时	整周实践	课堂教学 理论	课堂教学 实践	一	二	三	四	五	六	考核方式	实践场所
									2	22	26	22				
		100102	毛泽东思想和中国特色社会主义理论体系概论	4	64		48	16⊕	2							
		100101	思想道德修养与法律基础	3	48		32	16⊕	2							
		100103	形势与政策	1	16		16			讲座		讲座				
	公共基础	100401	体育	4	64			64	2	2						
		080101	英语	8	128		128		4	4					★	
公共学习领域		060501	计算机文化基础	4	64		32	32		4						
		100201	高等数学	6	96		96		6							
		100308	大学生职业发展与就业指导	3	48		32	16	讲座		讲座				★	

续表

领域	类别	代码	课程名称	学分	总学时	周(w)	讲课	实践	课外	讲座	讲座	三	四	五	六
	公共实践	100307	大学生心理健康教育	1	16		16	8						2	
		100301	应用文写作	2	32		24	28							
		000001	劳动教育	1	28	1w			课外						
		000002	入学毕业教育	0.5	14	0.5	14								
		000003	国防教育与军训	1.5	42	1.5	14	28	课外						
			社团活动	4											
	小计			39	660	3w	452	208		1	13	2			0
专业学习领域	专业基础课程	050507	化工制图与AUTOCAD	3.5	56		40	16		★		4			
		050106	基础化学	11	180		100	80		★	6	6			
		050401	高聚物生产技术	4	60		40	20		★	6		4		
		050215	化工基础	6	96		60	36		★	6		6		
		050302	仪器分析	5	80		40	40		★	6		6		
	专业方向	050402	高分子材料基本加工工艺	5	80		70	10		★				6	
		050403	高分子材料分析与测试	4	60		40	20		★				4	

续表

课程类别	课程代码	课程名称	学分	学时	周数	讲课	实践			★			
向课程	050501	化工设备操作及维护	4	60		40	20		4				
	050405	高分子材料助剂与配方	4	60		50	10	4					
	050206	化工仪表及自动控制	4	62		40	22	4					
专业实践课程	050407	岗位认知实习	1	28	1w		28			⊕			
	050208	化工单元操作综合实训	1	20	1w		20		⊕				
	050406	有机合成综合实训	1	20	1w		20		⊕				
	050310	分析技能训练	1	20	1w		20			⊕			
	050507	化工制图与autoCAD实训	1	20	1W		20						
	050211	化工总控工操作培训	1	20	1w		20						
	050209	化工管路拆装与维护	1	20	1w		20						
	050412	顶岗实习	18	504	18w		504						

第五章 高职化工专业学生职业能力培养的措施

续表

类别	代码	课程名称	学分	学时	周	讲课	实践	学期
	050413	毕业实习(论文)	14	392	14w	520	392	4
		小计	89.5	1838	39w	972	1318	
		合计	128.5	2498	42w	1526	1526	
公共选修课		人文社科类	6	96		96		
		经济管理类						
		自然科学类						
		艺术体育类						
		小计	6	96		96		
专业选修课	050201	化工安全防护及管理	4	60		48	12	4
	050214	电工电子基础	3	50		30	20	3
	050601	安全管理	2	32		24	8	2
课外素质拓展		课外素质活动	8		8			
	050204	化工职业能力（化工文献检索、化学品营销、化工企业管理）	3	60		40	20	4

拓展学习领域

续表

小 计	9	142	0	102	40	2			
总 计	143.5	2736	42	1170	1566	6	22	26	22

注:1. ★表示考试,其余为考查;

2. ⊕表示课程实践(课外);w表示集中实践教学周;

3. 课外素质拓展模块不计入总学时、总学分。

第五章　高职化工专业学生职业能力培养的措施

表 16　高分子材料加工技术专业能力训练计划设计

序号	实习、实训项目	学期	周数/学时	主要内容及要求	地点
1	入学教育、军训	一	2周	入学教育的学习内容：①学校概况；②校规校纪(学生手册)；③专业介绍(专业内容、必备的专业技能、适用范围、就业方向等)；④团学工作概况等 军训：学习必备的军事基本理论和军事基本技能，增强国防观念和国家安全意识，强化爱国主义和集体主义观念，加强组织纪律，促进大学生综合素质的提高，为中国人民解放军训练后备兵员和培养预备役军官打下坚实的基础	校内
2	认知实习	二	1周	认知实习是本专业的学生在学习专业课前，所进行的一次工厂岗位实践性教学环节。实习的任务是学生通过岗位认识实习，了解上岗前应具备的化工生产知识和操作技能，更加明确学习目标，运用所学知识在化工生产中的应用，同时培养学生爱岗敬业的劳动观念	校内外实训基地
3	化工绘图(CAD)综合实训	一	1周	从实际工作任务出发，培养学生学生运用所学理论知识进行手工测绘及 AUTOCAD 制图的能力	校内实训基地

高职化工专业学生职业能力及培养策略

序号	实习、实训项目	学期	周数/学时	主要内容及要求	地点
4	产品定量定性分析综合实训	二	1周	学习并掌握滴定分析、重量分析、仪器分析、物性测试、仪器仿真等方法。从生产实际出发,培养学生学生运用分析检验理论知识进行产品定性定量测定、分析解决问题的实际能力	校内实训基地
5	高分子合成综合实训	三	1周	学习本体聚合、溶液聚合、乳液聚合等高分子合成方法。从生产实际出发,培养学生学生运用理论知识进行高分子产品合成、分析解决问题的实际能力	校内实训基地
6	化工单元操作综合训练	三	1周	从生产实际出发,以岗位技能培训为主线,通过典型化工单元过程(精馏、吸收、萃取、干燥、液体输送、传热、过滤及反应器等)的工程化、场景化操作实训,使学生掌握较扎实的化工单元过程生产知识及基本操作方法,培养学生运用化工理论知识指导生产操作、分析解决问题的实际能力	校内实训基地
7	化工管路拆装与维护	四	1周	学习化工生产中的管道、设备的流程、组成、结构,认识管道、管件、阀门及相关仪表及其相互连接方法,练习管道流程及设备的安装及拆装方法,提高动手能力,并初步具有管道、设备维护保养的能力等	校内外实训基地

序号	实习、实训项目	学期	周数/学时	主要内容及要求	地点
8	化工总控工操作培训	四	1周	化工单元过程(精馏、吸收、萃取、干燥、液体输送、传热、过滤及反应器等)的操作实训,化工仿真操作及理论知识系统培训,使学生掌握较扎实的化工单元过程生产知识及基本操作方法,培养学生运用化工理论知识指导生产操作、分析解决问题的实际能力	校内实训基地
9	高分子材料加工实习	四	1周	了解挤出、注塑、吹塑等高分子加工过程。从生产实际出发,培养学生运用所学理论知识进行高分子产品成型加工、分析解决问题的实际能力	校外
10	顶岗实习	五	18周	要求学生掌握实习车间(工段)的生产流程,工艺原理及操作方法,画出带控制点工艺流程图。了解原料及产品的要求,物化性质及分析方法;了解生产操作规程及各岗位的相互联系;熟悉实习岗位的岗位责任制,在师傅指导下跟班学习正常操作;了解主要设备的类型、构造、材料、规格、操作条件和生产能力,画出主要设备的构造图;了解主要控制、测量仪表的简单原理和使用方法;掌握化工安全生产措施,学会常见故障、事故的处理方法;掌握生产中"三废"的处理方法及利用情况;了解生产中技术改造的内容,以及提高产品质量的途径和方法;了解车间劳动组织的生产管理。通过工厂实际实习,获得真实的化工生产实践知识和操作技能,将所学知识在化工生产中的进行应用,同时培养学生爱岗敬业、团结协作的精神	顶岗实习单位

序号	实习、实训项目	学期	周数/学时	主要内容及要求	地点
11	毕业实习	六	14周	学生通过全面运用所学基本理论和专业知识,来分析、解决并完成一个实际的化工课题,提高学生的独立工作能力。毕业课题可以是设计或论文。设计应尽可能结合生产实际选题,也可选择专题试验项目或解决工厂生产实际问题代替设计,即以论文形式完成	顶岗实习单位
	合计		42周		

表17 高分子材料加工技术专业综合职业能力训练计划 设计

实习学期: 第五、六 学期

实习目标	通过工厂实习,学生能用理论和专业知识来分析、解决生产问题,并获得实践知识和岗位操作技能,同时培养学生爱岗敬业、团结协作的精神、培养成良好的职业素养。 学生通过完成一个实际的化工生产或检测实际产品,完成课题设计或论文。设计应尽可能结合生产实际选题,也可选择专题试验项目或解决工厂生产实际问题代替设计,即以论文形式完成			
实习安排	实习项目	周数/学时	实习内容	实习地点
	企业安全知识入厂教育	2周	安全及企业文化	企业

实习安排	岗位实践操作	职业素养、劳动组织、工艺流程	6周	熟悉实习车间(工段)的生产流程,工艺原理及操作方法	企业
		原料、产品质量控制	10周	按岗位规定稳定操作本实习车间(工段)的生产设备、工艺运行	企业
		车间岗位操作			
		总控岗位操作			
	毕业设计		14周	根据岗位内容选择课题,设计成专题报告或毕业论文	企业
教师要求	1. 具备讲师或工程师以上职称,具备5年以上企业工作经历,熟悉精细化工生产过程; 2. 能根据教学法设计教学情境,能够按照设计的教学情境实施教学; 3. 具有扎实的专业理论知识与教学能力,高分子材料合成、加工操作控制能力; 4. 具有较强的教学组织与管理的能力				
学生要求	1. 熟悉高分子材料加工生产岗位操作基础知识、操作技能; 2. 注重工作保护和生产安全的能力,培养成良好的职业素养; 3. 具备一定的文字材料组织、撰写论文能力; 4. 具有沟通能力及团队协作的精神; 5. 具有获取和应用知识自主学习的能力				

实习考核	高分子材料加工技术专业学生顶岗实习考核参照《化学工程学院顶岗实习管理办法》给予评价,实习总评成绩由实习单位指导教师评出的成绩(占60%)、校内指导教师评出的成绩(占20%)和毕业论文答辩成绩(占20%)折算而成;等级分优秀($\chi \geqslant 90$ 分)良好($90 > \chi \geqslant 80$)、中等($80 > \chi \geqslant 70$)合格($70 > \chi \geqslant 60$)、不合格($\chi < 60$)五个等级

表18 高分子材料加工技术专业核心职业能力训练计划设计

序号	项　　　目	时　间　安　排
1	学生交往与公务礼仪	第一学年第一学期
2	克服青春期烦恼 健康快乐成长	第一学年第一学期
3	当代大学生团队精神	第一学年第二学期
4	压力分析及应对	第一学年第二学期
5	科技引导下的未来生活	第一学年第二学期
6	大学生创业就业指导	第二学年第一学期
7	先进技术的发展动态	第二学年第一学期
8	科技论文(或毕业论文)写作	第二学年第二学期
9	创新设计与实践	第二学年第二学期

表19　化工设备维修技术专业教学计划设计

课程领域	课程性质	课程代码	课程名称	学分	学时	整周实践	课堂教学 理论	课堂教学 实践	一	二	三	四	五	六	考核方式	实践场所	备注
公共学习领域	公共基础	100102	毛泽东思想和中国特色社会主义理论体系概论	4	64		48	16		3							
		100101	思想道德修养与法律基础	3	48		32	16	2								
		100103	形势与政策	1	16		16		讲座	讲座	讲座	讲座					
		100401	体育	4	64			64	2	2							
		080101	英语	8	128		128		4	4					★		
		060501	计算机文化基础	4	64		32	32	4								
		100201	高等数学	6	96		96		6						★		
		100308	大学生职业发展与就业指导	3	48		32	16	讲座	讲座	讲座	讲座					
									26	22	26	24					

81

高职化工专业学生职业能力及培养策略

课程编号	课程名称	学分	总学时	讲授	实践	周学时分配(讲座)				考核	备注
100307	大学生心理健康教育	1	16	16				2			
100301	应用文写作	2	32	24	8						
000001	劳动教育	1	28		28						课外
000002	入学毕业教育	0.5	14	14							
000003	国防教育与军训	1.5	42	14	28						课外
	社团活动	4									
	小计	39	660	452	208	14	13	2	0		
050507	化工制图与autoCAD	3.5	56	40	16	4				★	
050106	基础化学	11	180	100	80	6	6			★	
050215	化工基础	6	96	60	36	6	6	6		★	
050508	化工设备机械基础	6	90	74	16	6		6			
050501	化工设备操作与维护	4	60	40	20	4		4		★	
050502	化工机器	4	60	40	20	4			4	★	
050206	化工仪表及自动控制	4	60	40	20	4			4		
050505	焊接生产基础	4	60	40	20	4		4	4	★	
050506	化工腐蚀与防护	4	60	50	10	4		4	4	★	

说明：公共实践、专业学习领域（专业基础课程、专业方向课程）。

续表

课程类别	课程编号	课程名称	学分	学时	周数	讲课	实践	周学时①	周学时②	周学时③	周学时④	考核
专业基础课程	050507	化工制图与autoCAD	3.5	56		40	16	4				★
	050106	基础化学	11	180		100	80	6	6			★
	050215	化工基础	6	96		60	36		6	6		★
	050508	化工设备机械基础	6	90		74	16			6		
专业方向课程	050501	化工设备操作与维护	4	60		40	20			4		★
	050502	化工机器	4	60		40	20				4	★
	050206	化工仪表及自动控制	4	60		40	20				4	
	050505	焊接生产基础	4	60		40	20				4	★
	050506	化工腐蚀与防护	4	60		50	10				4	★
专业学习领域	050509	岗位认知实习	1	28	1		28					
	050507	化工制图与autoCAD实训	1	20	1		20					
	050503	钳工实训	1	20	1		20					

高职化工专业学生职业能力及培养策略

续表

类别	课程代码	课程名称	学分	学时	学分	学时	学时				
专业实践课程	050208	化工单元操作综合实训	1	20	1		20	20			
	050504	化工设备与机器检修技术实训	2	40	2		40	40			
	050510	管道及焊接技术实训	1	20	1		20	20			
	050511	职业资格考证培训	1	20	1		20	20			
	050512	顶岗实习	18	504	18		504	504			
	050513	毕业实习	14	392	14		392	392			
	小计		86.5	178	40	484	1302	10	6	16	16
	合计		125.5	244	43	936	1510	24	19	18	16
公共选修课		人文社科类	6	6		96	96				
		经济管理类									
		自然科学类									
		艺术体育类									

在附表中选择

84

续表

拓展学习领域		课程代码	课程名称	学分	学时			各学期周学时分配			
											4
专业选修课	小计			6	96	96					
		050201	化工安全防护及管理	4	60	48	12				4
		050214	电工电子基础	3	50	30	20			3	
		050601	安全管理	2	32	24	8		2		
课外素质	课外素质活动			8				8			
化工职业能力拓展			化学品营销				10				
						10					
		050204	化工企业管理	3	60	20	0				
			化工文献检索			8	12				
	小计			9	142	102	40		2	3	4
总　计				140.5	268 4	1134	1550	43	26	22	22	20

注：1. ★表示考试，其余为考查；
2. ⊕表示课程实践（课外）；w表示集中实践教学周；
3. 课外素质拓展模块不计入总学时、总学分；

85

表 20　化工设备维修技术专业能力训练计划设计

序号	实习、实训项目	学期	周数/学时	主要内容及要求	地点
1	入学教育	一	3周	入学教育：专业介绍（专业内容、必备的专业技能、适用范围、就业方向等）；	校内
2	岗位认知实习	二	1周	认知实习是本专业的学生在学习了所有专业课前，所进行的一次工厂岗位实践性教学环节。实习的任务是学生通过岗位认识实习，了解上岗前应具备的化工生产知识和操作技能，更加明确学习目标，运用所学知识在化工生产中的应用，同时培养学生爱岗敬业的劳动观念	校外实训基地
3	化工单元操作综合实训	三	1周	从生产实际出发，以岗位技能培训为主线，通过典型化工单元过程(精馏、吸收、萃取、干燥、液体输送、传热、过滤及反应器等)工程化、场景化操作实训，使学生掌握较扎实的化工单元过程生产知识及基本操作方法，培养学生运用化工理论知识指导生产操作、分析解决问题的实际能力	校内实训基地

序号	实习、实训项目	学期	周数／学时	主要内容及要求	地点
4	化工设备与机器检修技术实训	三	2周	釜、塔、罐、泵、换热器、压缩机、离心机、管道的拆装与维修	校内实训基地
5	钳工实训	二	1周	常用切削加工方法及应用	校内实训基地
6	管道及焊接技术实训	四	1周	常用焊接方法及其应用	校内实训基地
7	职业资格考证培训	四	1周	化工检修钳工、焊工考证培训。	校内实训基地
8	化工制图与CAD实训	一	1周	从实际工作任务出发，培养学生学生运用所学理论知识进行手工测绘及autoCAD制图的能力	校内实训基地
9	顶岗实习毕业论文	五、六	32周	要求学生掌握实习车间(工段)的生产流程,工艺原理及操作方法,画出工艺流程图。了解原料及产品的要求,物化性质和分析方法;了解生产操作规程及各岗位的相互联系;熟悉实习岗位的岗位责任制,在师傅指导下跟班学习正常操作;了解主要控制、测量仪表的简单原理和使用方法;掌握化工安全生	校外实训基地

续表

序号	实习、实训项目	学期	周数/学时	主要内容及要求	地点
9	顶岗实习 毕业论文	五、六	32周	产措施,学会常见故障、事故的处理方法;掌握生产中"三废"的处理方法及利用情况;了解生产中技术改造的内容,以及提高产品质量的途径和方法;了解车间劳动组织的生产管理。通过工厂实际实习,获得真实的生产实践知识和操作技能,将所学知识在化工生产中的进行应用,同时培养学生爱岗敬业、团结协作的精神。学生通过全面运用所学基本理论和专业知识,来分析、解决并完成一个实际的化工课题,提高学生的独立工作能力。毕业课题可以是设计或论文。设计应尽可能结合生产实际选题,也可选择专题试验项目或解决工厂生产实际问题代替设计,即以论文形式完成	校外实训基地
	合计		43周		

第五章　高职化工专业学生职业能力培养的措施

表 21　化工设备维修技术专业综合职业能力训练计划设计

第五、六学期

实习目标	通过工厂实习,学生能用理论和专业知识来分析、解决生产问题,并获得实践知识和岗位操作技能,同时培养学生爱岗敬业、团结协作的精神、培养综合职业能力; 首先在师傅指导下完成一个典型化工设备故障的检测与维修过程,通过该过程,使学生掌握化工设备有关故障的诊断方法与检测过程,并能利用所学知识进行故障设备的初步维修与养护。			
实习安排	实习项目	周数 (学时)	实习内容	实习地点
	企业安全知识入厂教育	2 学时	安全及企业文化	企业
	职业素养、劳动组织、工艺流程及设备	6 周	熟悉实习车间(工段)的生产流程,工艺原理及相关设备	企业
	化工设备与机器检修技术	10 周	车间中有故障的釜、塔、罐、泵、换热器、压缩机、离心机、管道的检测与维修	企业
	毕业设计	14 周	根据岗位内容选择课题,设计成专题报告或毕业论文	企业
教师要求	1. 具备讲师或工程师以上职称,具备 5 年以上企业工作经历,能够熟悉化工设备维修技术。 2. 能根据教学要求设计教学情境,能够按照设计的教学情境实施教学。 3. 具有扎实的专业理论知识与教学能力,化工设备操作及维修能力。 4. 具有较强的教学组织与管理的能力。			

学生 要求	1. 化工生产岗位操作操作基础知识、操作技能； 2. 注重工作保护和生产安全的能力，培养成良好的职业素养； 3. 具备一定的文字材料组织、撰写论文能力； 4. 具有沟通能力及团队协作的精神； 5. 具有获取和应用知识自主学习的能力
实习 考核	化工设备维修技术专业学生顶岗实习考核参照《化学工程学院顶岗实习管理办法》给予评价，实习总评成绩由实习单位指导教师评出的成绩（占 60%）校内指导教师评出的成绩（占 20%）和毕业论文答辩成绩（占 20%）折算而成；等级分为优秀（$\chi \geqslant 90$ 分）、良好（$90 > \chi \geqslant 80$）、中等（$80 > \chi \geqslant 70$）合格（$70 > \chi \geqslant 60$）、不合格（$\chi < 60$）五个等级

表 22 化工设备维修技术专业核心职业能力训练计划设计

序号	项　　　目	时 间 安 排
1	学生交往与公务礼仪	第一学年第一学期
2	克服青春期烦恼 健康快乐成长	第一学年第一学期
3	当代大学生团队精神	第一学年第二学期
4	压力分析及应对	第一学年第二学期
5	科技引导下的未来生活	第一学年第二学期
6	大学生创业就业指导	第二学年第一学期
7	先进技术的发展动态	第二学年第一学期
8	科技论文（或毕业论文）写作	第二学年第二学期
9	创新设计与实践	第二学年第二学期

（二）实践教学的组织与考核

在"2+1"工学结合人才培养模式课程体系下,实践教学按图6所示进行组织和考核。实践课程考核采用标准评分与现场测试相结合的方式,制定《实训要求及考核标准》,进行作业总评与现场测试,以考核学生的实际能力。设计以小组为单位的实训考核项目,根据小组成员表现确定各成员的分数分配系数,分配确定每个成员的得分。在毕业设计上,改革传统的毕业论文撰写考核方式,采用实习报告方式进行毕业设计,要求学生按照职业要求在实训实践中积累经验,要求学生对业务的相关处理、职业判断等内容进行答辩,由答辩组综合学生的职业能力进行考评。

1 实践教学组织与考核

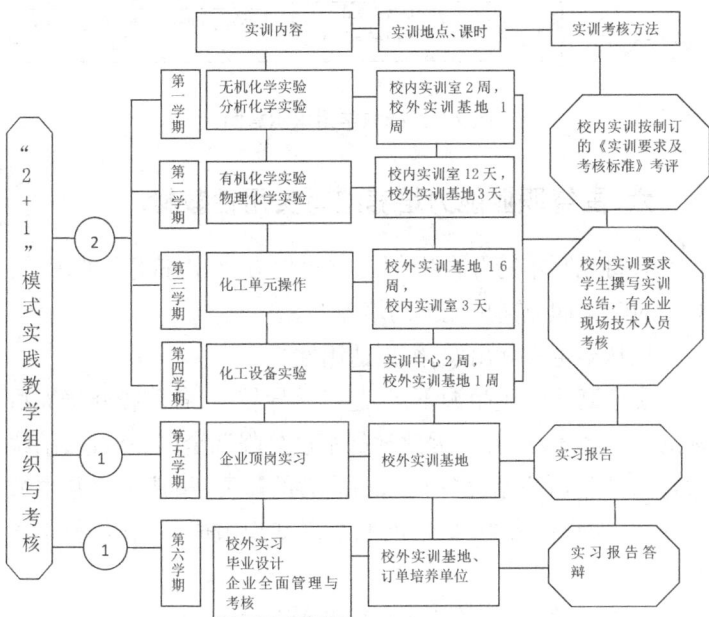

图6 实践教学组织与考核示意图

2. 实践教学时间、地点安排

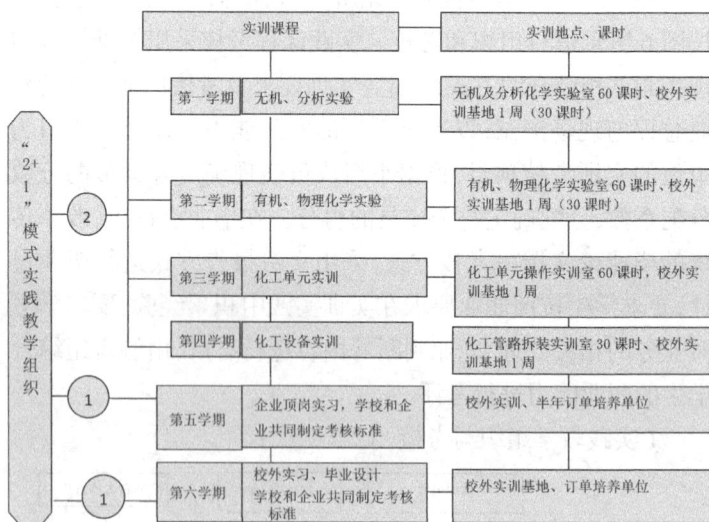

实训课程	实训地点、课时

"2+1"模式实践教学组织

2

第一学期　无机、分析实验　→　无机及分析化学实验室60课时、校外实训基地1周（30课时）

第二学期　有机、物理化学实验　→　有机、物理化学实验室60课时、校外实训基地1周（30课时）

第三学期　化工单元实训　→　化工单元操作实训室60课时，校外实训基地1周

第四学期　化工设备实训　→　化工管路拆装实训室30课时、校外实训基地1周

1

第五学期　企业顶岗实习，学校和企业共同制定考核标准　→　校外实训、半年订单培养单位

1

第六学期　校外实习、毕业设计学校和企业共同制定考核标准　→　校外实训基地、订单培养单位

图7　实践教学组织示意图

六、围绕职业能力培养编写实用性教材。

教材编写本着"学以致用，立足地方，突出特色"的理念，突出对学生职业岗位能力的培养。

1. 从学生实际出发，突出适用性

由于高职学生生源不一，起点差异较大，各院校间培养目标的要求也不尽相同，因此教材不过分强调全国一致性，围绕通过该课程所应培养的技能和能力的需要，精选主要基本教学内容，课程内容由基础知识、扩展知识组成，以满足教学之需。

2. 重视学以致用的原则，突出实用性

紧扣专业需求,理论联系实践,突出知识应用。

3.实验内容减少理论验证的性质实验,增加技能训练项目

七、创新教学模式

所谓教学模式,是指在一定理论指导下,围绕教学目的,形成相对稳定的教学程序及实施方法。它既是教学经验的系统总结,又是教学理论的具体化。

随着新技术在生产中的迅速应用,产品更新换代周期越来越短。"低碳经济"的提出,也要求化工企业千方百计改进生产工艺,淘汰旧产品,开发新产品。这样一来,对直接从事产品生产的技术人员的要求也就发生了变化,化工高职生不仅要能胜任现有工作,还要能胜任将来变化了的工作岗位。因此,要求职业教育培养一种新型的从业人员,这种新型从业人员应具备对职业岗位的良好适应性和可持续学习的能力,具备知识、技能、经验、态度等完成职业岗位任务,胜任职业岗位资格的全面素质。对于如何提高自己的办学能力? 今后培养的学生能否适合社会需求? 适合企业的用人需要? 大家都摸着石头过河,试图找到成功的经验。但毕竟高职教育是近几年才发展起来的,化工高职教育仍没有适合我国国情的成功教学模式。国外虽有一些先进的成功职教模式,但受我国国情的限制,难以实施和推广应用。国内的高职教学模式有"五阶段周期循环高职教学模式"、"产学研结合模式"、"产教结合模式"以及传统的"三段式教学模式"等。但长期以来人们在教学研究上习惯于采取单一刻板的思维方式,比较重视用分析的方法对教学的各个部分进行研究,而忽视各部分之间的联系或关系,缺乏教学活动的特色和可操作性。且都是

宏观研究。而随着科学技术的不断发展和多媒体技术的应用，教学也在发生变革，时代在呼唤新的教学模式。

《国家中长期教育改革和发展规划纲要》（2010—2020年）指出：高举中国特色社会主义伟大旗帜，以邓小平理论和"三个代表"重要思想为指导，深入贯彻落实科学发展观，实施科教兴国战略和人才强国战略。全面贯彻党的教育方针，坚持教育为社会主义现代化建设服务，为人民服务，与生产劳动和社会实践相结合，培养德智体美全面发展的社会主义建设者和接班人。立足社会主义初级阶段基本国情，把握教育发展的阶段性特征，尊重教育规律。以学生为主体，以教师为主导，充分发挥学生的主动性，把促进学生成长成才作为学校一切工作的出发点和落脚点；关心每个学生，促进每个学生主动地、生动活泼地发展；尊重教育规律和学生身心发展规律，为每个学生提供适合的教育，培养造就数以亿计的高素质劳动者、数以千万计的专门人才和一大批拔尖创新人才。树立以提高质量为核心的教育发展观，注重教育内涵发展。把改革创新作为教育发展的强大动力。教育要发展，根本靠改革。创新人才培养体制、改革质量评价制度，改革教学内容、方法、手段，构建中国特色社会主义现代教育体系。加快解决经济社会发展对高质量多样化人才需要与教育培养能力不足的矛盾。职业教育要着力培养学生的职业道德、职业技能和就业创业能力。制定职业学校基本办学标准。建立健全职业教育质量保障体系，吸收企业参加教育质量评估。开展职业技能竞赛。改革招生和教学模式。积极推进"双证书"制度，推进职业院校课程标准和职业技能标准相衔接。建立健全职业教育课程体系。到2060年，形成适应发展方式转变和经济结构调整要求、体现终身教育理念、满足经济社会对高素质劳动者和技能型人才的需要。以服务为宗旨,以就业为导向,推进教育教学改革。

　　而本研究正是在此背景下,在对化工专业学生职业能力的培养作了深入系统的研究基础上,试图构建有建设性的教学模式。

　　本研究通过调查企业和学生,首先从化工企业所需岗位人才多元化、高技能综合职业能力要求的角度出发,区别于普通高等教育和中等职业教育的特征,综合运用教育学、心理学等领域的理论,系统地分析出高等职业教育化工专业学生高技能应用型的岗位能力和能力要素。探索新的教学模式,从而促进化工专业职业教育特色的形成。

　　笔者认为"采用感觉、认识、理解、行动"教学模式。教学步骤可以归纳如下:"视频观看 → 软件模拟 → 实物操作 → 企业联网"四步走的能力教学训练过程。通过校企融合的视频互动教学,保障教学质量,提高教学效率,并且能降低教学成本。

　　建构主义理论要求教师充分发挥学生学习的自主性,引导学生主动发现问题、主动收集、分析有关信息和资料,主动构建知识概念和意义。在信息技术突飞猛进的时代,转换思维,知识创新则是该理论的终极目标,主张"学习就是建构,建构蕴含创新"。可以说,建构主义是网络时代学习与教学改革的新理论。建构主义网络辅助教学平台的角色也从"知识的传播者"转化为"建构意义学习的帮助者和学习环境、学习资源的提供者"。与建构主义理论以及现在网络教学环境相适应的教学模式为:"以学生为中心,在整个教学过程中由教师起组织者、指导者、帮助者和促进者的作用,利用情境、协作、会话等学习环境要素充分发挥学生的主动性、积极性,最终达到使学生有效地实现对当前所学知识的意义建构的目的。"网络辅助教学支撑平台设计要本着建构主义教学理论的"情境"、"协作"、"会话"和"意义建构"的思想内涵,结合最新的多媒体技术等现代信息技术,对传统的高职教学模式做出进一步的改进和完善,形成统一的网络辅助教学平台。网络辅助教学支撑平台设计中应体现如下思想:以学习者自主学习为中心;以学习资源为支撑点,以信息化技术为管理手段;以校企结合、案例学习为切入点;以学习者的合作学习和交流为导向;以教师的引导和帮助明确学习方向。由于针对的客户群体是高职院校,应该突出彰显实训教学资源共享,实训教学资源要充分体现对实践性教学环节的重视和对实际动手能力的培养,在进行资源建设时,多选择一些技能训练实验实训类的内容,尽可能多的建设一些有利于技能训练的虚拟多媒体和实景演示的视频等资源,把学生实践技能的训练作为教学资源教学的重要环节。

理论与实践交融,教学过程"一体化",网络辅助教学平台针对课程的各个要素进行辅助。除此之外,支撑平台还应是一个教学资源、学习资源和教学支持服务的一体化教与学的虚拟化环境,可以培养学生获取信息、分析信息、处理信息的能力。运用校企融合的视频互动和资源平台,可以突破传统教学理论 + 实践教学模式。把"工作过程为导向"的教学理念贯穿到网络辅助平台建设中,注重对学生职业能力的培养及知识向行动的转化。

在建构主义理论指导下,网络平台构成的情景、协作、交流、意义构建将具有无限的生命力,利用网络辅助教学支撑平台建设拥有丰富的教学资源,师生间、学生间、视频、语音等技术手段的教学平台、面向学生提供的虚拟实验室,以及利用云技术向学生研究提供虚拟的服务器及软件环境等,这些都将对高职教学提供有力的支撑网络辅助教学,支撑平台正是实现建构主义教育思想的有效手段和方法,打破传统教学模式在时间和空间上的限制,使受教育者在选择接受教育的时间、方式、进度、层次、专业时,有了更大的自由度、主动性和灵活性,使得基于建构主义教学理论的信息化网络教学模式可以在网络教学环境中得到实现,形成教学网站环境下的自主学习教学策略。

八、创新教学方法

（一）因材施教,承认差别,区别对待

由于入校前,高职生所在学校状况不同,导致高职学生现有的基础知识和实验水平参差不齐,因此必须从学生的实际出发,承认差别,区别对待,兼容并包,使其各得其所,共同提高。

承认学生的差异性,并根据差异性的原则分层教学,这正是因材施教的具体表现。因材施教思想是我国教育的优良传统,早在2000多年前的孔子,就善于根据学生不同特点来选择教学内容和使用教学方法,是因材施教的先行者。我所提倡的分层教学,是在现代教学思想指导下,根据学生的学习水平和能力不同,开展不同层面的教学活动,并针对不同发展层次学生的需求给予相应的学法指导,以达到全体学生全面发展的教学目的,让学生生动活泼地学习、主动和谐地发展是进行分层教学最终的目的。我的做法是以教学大纲为依据,根据学生的实际情况界定必须掌握的内容的底线,对个别因基础差达不到要求的学生,采取教师课后辅导和高水平学生帮教的办法,使他们赶上来。而对于那些基础较好、水平较高的学生,教师在每堂课计划内容完成的基础上,适当增加一部分有一定深度的内容和有一定难度的选做题目,教师指明学生应根据自己的情况决定这部分内容的取舍。

通过几年的实践,我认为分层教学除了遵循一般的教学规律外,还应注意以下问题:

(1)针对不同层次的学生应确立不同的目标。对优等生,我们应时刻想到如何拓宽和加深知识的难度。对普通学生则要考虑学生的接受能力,适度增加和加深知识,做到稳步推进。这样能满足各层次学生的需要,能激励各层次学生朝着有利于自己的方向努力,为不同层次的学生创造更多获得成功的机会。

(2)在科学分层的基础上,要把工作重心放在辅导环节。辅导紧紧围绕提高教育质量这个核心,认真做到"三个结合",即学法指导与探究性、自主性学习相结合;智力因素的挖掘与非智力因素的开发相结合;心理辅导与人格健全引导相结合。在教学中,培养学生良好的学习习惯、激发兴趣、指导学法,应贯穿教学过程的始终。辅导不仅要辅导知识内容,还要辅导方法、习惯,激发兴趣、意志等。不同层次的学生从学习内容、学习方法的指导都各不相同。普通学生能基本掌握学习的内容,但缺乏钻研精神和独立思考习惯,对他们重在开发非智力因素,培养良好的学习习惯。而优生要指导他们横向拓宽,夯实基础,要他们鼓励创新,纵向加深。

(3)作业要分层练习。后进生进行强化训练;中等生注意增加深度;优等生则以综合运用知识进行练习,多做研究性习题,提高应用知识的能力。这样将使得不同层次的学生得到不同程度的提高。对优等生以"放"为主,"放"中有"扶",重在指导学生自学;对中等生和后进生以"扶"为主,"扶"中有"放",重在带领学生学习。使中等生和后进生基本上达到大纲的要求,优等生尽其所能拔尖提高。

（4）教师应按不同层次学生实际情况,确定具体可行的教学目标,分清哪些属于共同的目标,哪些不属于共同的目标。要在把握教学目标的同时,根据不同层次学生的认知水平,确定对各层次学生的不同要求。在教学过程设计时,要以学生的认知水平为基准。在设计问题及练习时,问题的难度要与学生的层次相一致。较易问题让差学生能回答,使他们能体会到成功的愉悦;较难题,让优等生回答,增加他们的成就感。

分层教学的优势及问题

分层教学在基础课程教学中有显著的优势:

（1）分层教学有利于课堂效率的提高,一方面,教师真正做到"因材施教";另一方面,学生真正做到了"因材选学"。首先,教师事先针对各层学生设计了不同的教学目标与练习,提高了各个层次学生的成绩,使得处于不同层次的学生都能获得成功的喜悦,这极大地改善了教师与学生的关系,从而提高师生合作、交流的效率;其次,教师在备课时事先估计了在各层中可能出现的问题,并做了充分的准备,使得实际施教更有的放矢、目标明确、针对性强,增大了课堂教学的容量。

（2）分层教学要求教师在备课、上课、训练辅导等环节都必须精心设计进一步优化,通过有效地组织好对各层学生的教学,灵活地安排不同的层次策略,极大地锻炼了教师的组织调控与随机应变能力。分层教学本身引出的思考和学生在分层教学中提出来的挑战都有利于教师能力的全面提升,有利于强化和提高师资水平和综合能力。

（3）通过实施分层教学,提高了学生学习的积极性,由于

高职化工专业学生职业能力及培养策略

层间实行一定百分比的激励调整,增强了学生的自主性,培养了学生的创造力和强烈的竞争意识,最大限度挖掘了学生内在潜能,调动了他们的积极性,使学生的心理个性得到了良性的发展。

在高职教学中部分课程实行分层教学体现了高职办学的特点,符合高职目前的教学实际,体现了"以人为本""因材施教"的原则,分层教学在课堂上的实施,较之传统的课堂教学更有利于学生综合素质的提高,更有利于学生个性能力的张扬,更有利于优秀生综合能力的发挥,也有利于较低层次学生潜在能力的舒展。

教学有法,教无定法,因材施教,贵在得法。

(二)任务引领,层层递进

以工作任务为中心引领知识和技能,让学生在完成工作任务的过程中学习相关理论知识,培养操作技能,发展学生的职业能力。根据专业的特点,将教学内容精心设计成一个个需要完成的工作任务,使学生带着问题去学习、去探索,同时教师根据学生的特点及递进性的原则,由浅入深,层层递进,带领学生去完成任务。将理论知识的传授、操作技能的培养有机地融合在完成任务的教学过程中。如在讲授《尾气处理》过程中,先将学生分成若干个学习小组,布置学习任务——尾气中二氧化硫的处理,让学生经过查阅文献,小组讨论,拿出合格设计方案。可以说,学生的设计方案五花八门,但每个设计都有自己的特点,这时针对每一种方案,教师再引导讨论,让学生各抒己见,发现每种方案的优缺点,选出最佳方案。学生通过参与这样的讨论,极大地调动了他们学习和参与的热情,培养了他们的工程设计能力。

（三）情景教学，做学一体

应用化工技术专业《典型化工产品生产工艺运行》课程开发示例：

依据化工工艺运行与控制岗位的任职要求，参照国家高级化工总控工的职业资格标准，依托校内实训室、校外企业等合作开发、设计以职业岗位能力培养为核心的学习情境。

教学情境设计：面向区域化工产业，基于工艺运行与控制岗位能力要求，确定课程目标，以化工产品生产工艺运行能力培养为主线，以典型化工产品为载体，按"从基本能力培养到综合能力提高"的方法，将学习内容划分为4种学习情境，既体现了化工生产的典型性案例，又兼顾了化工产品生产运行系统化知识和技能，有效满足完成职业岗位实际工作任务所需要的知识、能力要求。

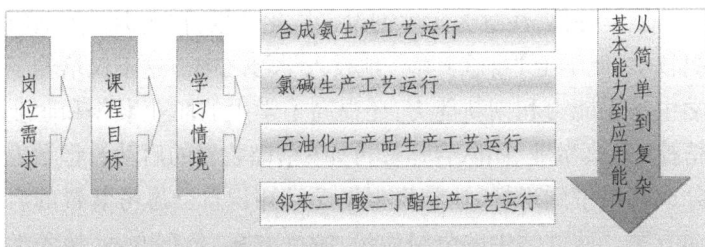

图 8 教学情境设计

教学实施设计：依据"资讯、决策、计划、实施、检查、评估"组织教学使学生在校内实训室完成基本技能训练，到校外实训基地检验自己知识掌握的程度和拓展知识、技能，实现理论与实践一体化。

			教师	学生
		资讯	提出任务与要求	收集信息
		决策	辅导与指导	分析讨论
学习情景	项目任务	计划	评定方案	制定方案与分工
		实施	指导和引导	团结协作，完成任务
		检查	指导和引导	小组自查与互查
		评价	提问并点评	报告结果，提出建议

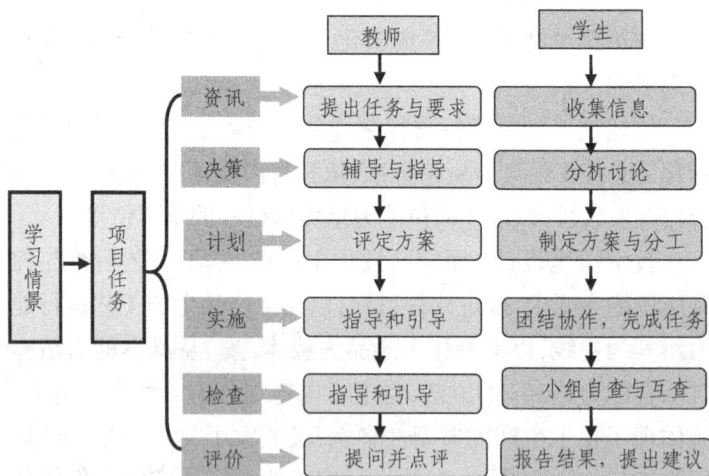

图9　项目实施流程

做学一体,注意为学生创设工厂化情景,在实训装置前组织教学,使学生"身临其境"地投入学习之中。这不仅培养了学生动手能力和创新能力,还提高了学生的职业素养和职业精神:认真敬业、团队合作。再如《精馏装置的启动》,将学生分成几组带到现场,让学生根据已学知识自己思考装置的启动方案。通过学生的分组讨论、制订方案、公布方案,培养学生的分析问题能力和团队合作能力。

（四）项目化教学

"三中心"的教学模式,即以教师为中心,以教材为中心,以课堂为中心。它把教师和学生死死地捆绑在小课堂里及教师规定的标准答案里。它扼杀了学生的个性、创造性,也束缚了教师的创造性思维。所以,我们应确立新的人才质量观,使学生不仅只会书本知识,更主要的是能创造性地应用这些知识解决实际问题,并有所发现,有所发明。近年来,我们针对化学课传统教学的弊端,利用课外活动对项目教学法进行了尝试。

　　建构主义学习理论、情境学习理论和杜威的实用主义教育理论成为支撑项目教学的理论基础。项目教学改变了传统的三个中心,由以教师为中心转变为以学生为中心,由以课本为中心转变为以"项目"为中心,由以课堂为中心转变为以"活动"为中心。是典型的以学生为主体的教学方法。

　　1. 课外活动实施项目化教学的做法

　　课外活动项目的选择。首先所选项目内容要具有可行性。因为课外教学项目没有现成的教科书,需要教师经常看报纸、杂志及其他有关书籍收集资料,设计实施方案,收集到的产品配方和制法往往不很完善,需要逐个做试验验证,有的需经多次实验,改变原配方,方可得到理想的效果。如配制蓝黑墨水,按查到的配方制出来的墨水并不理想,需要经过多次试验,改变某些药品的剂量,才能得到质量较好的墨水。故教师经过验证后认为可行的项目才能确定为教学项目。其次,所选项目内容要具有适用性和实用性,所谓适用性即确定项目内容时,要充分考虑学生的现有知识水平和能力水平,选择那些学生通过努力能圆满完成的项目,同时,除选择适用于各专业的内容外,还要考虑专业特点,不同专业选择不同内容,做到项目内容和专业知识的有机结合。所谓实用性,就是选择现在生活和生产中正在使用和近期有可能推广使用的内容,使其具有实践价值和实用价值。再次,内容的选择要具有趣味性,既生动有趣,吸引学生,又能使学生的无意注意转化为有意注意,从而收到事半功倍的效果。

　　2. 活动方式

采取自愿报名的方式,根据报名情况划分项目小组(每组5～8人),学生自己选出项目组长。

组织实施

(1)兴趣培养阶段。

古人云:"知之者,不如好之者;好之者,不如乐之者。"可见,兴趣始终是人们主动学习的内在动力。尤其是青少年学生更是以有无兴趣决定学习的取舍,可见寓教于乐是最有效的教学方法。所以一开始教师要设计好开头项目,这些项目应简单易做,生动有趣,又非常实用,这样才能吸引学生。例如,生理盐水、各种消毒剂的配制以及蓝黑墨水制作等实验,学生都兴趣浓厚。活动结束后,让小组成员将他们的产品带到教室或宿舍和全班学生分享,班中学生看到这些有趣又实用的产品,积极性被调动起来。几次活动过后,许多一开始未报名的学生纷纷请求参加项目小组活动,到最后是全班学生的积极性都调动起来了。这时,项目小组已不再是小组而已成为全班学生参与的大集体。这时,再重给学生分成几组让他们轮流活动或同时活动,但活动内容不同,解决了仪器不够用的问题,同时也提高了仪器的利用率。通过这样的项目活动,大大激发了学生学习的兴趣。

(2)能力培养阶段。

在第一阶段兴趣培养起来的基础上,教师适时地根据学生的现有水平设计一些具有一定难度的探索性项目,如探索配制墨水、鞋油、护肤脂的最佳药品配比等,这样可营造一创新教育环境和氛围,培养科学的创新心理意向和技术攻关能力。

(3)社会服务阶段。

让学生用自己学到的知识服务于社会。例如,让参加活动的成员用已掌握的用氯仿、丙酮粘接塑料制品以及有机玻璃制品技术和用自制胶黏剂粘接物品技术,为同学粘接物品或粘接损坏的公物等。这样的项目活动,使学生充分认识到化学知识在生活中的广泛应用,同时也大大提高了学生的实验操作技能和综合职业能力。

3.课外活动实施项目化教学的体会

(1)激发了学生的学习兴趣,提高了学生的综合职业能力。

在活动时安排由浅入深,难易适中的项目,让学生通过自己的努力圆满完成项目,获得具有实用价值的产品,体会到成就感,激发了其学习兴趣。

(2)提高了查阅技术资料和解决实际问题的能力。

项目或教学,使学生不是在教室里被动地接受教师传递的知识,而是在完成任务的过程中获得知识、技能和态度。活动具有一定的挑战性,所完成的任务不仅是已有知识、技能的应用,而且要求学生运用已有知识,在一定范围内学习新知识、新技能,让学生在问题解决中进行学习,学生主动去搜集和分析有关的信息,解决遇到的新问题,扩展了学生的知识面,提高了查阅技术资料和解决实际问题的能力。

(3)培养了学生的创新能力。

项目或教学以学生为主体,学生能积极主动地去探索和尝试,对要解决的问题提出各种假设并努力加以验证;创造了使学生充分发挥潜能的宽松环境,每个学生会根据自身的经验,给出不同的解决任务的方案;培养了学生的创新思维。

(4)提高了学生专业能力。

项目教学为学生提供在"做"中"学"的学习机会,让学生在真实情境中做中学与学中做,提高了学生专业能力。

（5）培养了学生的责任感和团队协作精神。

项目教学中采用的是工作小组的学习方式，学生从信息的收集、方案的制订、项目的完成到成果的评估，主要采取小组的工作方式进行，为了最终完成项目，他们相互依赖、共同合作。这种方式有助于每个学生的责任感和团队协作精神的形成及与人沟通和合作能力的提高。

4.项目教学对教师素质提出更高的要求，使教师在实施项目化教学中素质得到提高

与传统的教学方式相比，在项目教学中教师将面临许多新的问题与挑战，主要体现在：

（1）项目教学要求教师具有广博的知识。

项目教学要求教师具备项目开展过程中可能涉及的所有知识，不仅要熟悉本学科的专业知识，还要了解相邻学科、相关学科及跨学科的知识，教师要具有相关的职业经验，了解企业的工作过程，才能选择和设计具有教育价值的典型项目。

（2）项目教学要求教师具有根据现有条件创设学习情境的能力。

在项目教学中要求教师要根据现有条件创设最佳的学习情境，这要求教师不仅只是熟悉项目内容，还要进行深入研究，运用教育学、心理学、教学法等理论，创设最佳的学习情境。

（3）项目教学要求教师具有较强的实践动手能力和组织管理能力。

采用项目法教学，教师需要做大量的准备工作。确定项目内容、任务要求、设想学生对项目的承受能力，在教学过程中要及时解决突发的问题。除了要求教师娴熟的本学科及跨学科的技能外，还要具备一定的组织和管理能力。

5. 项目教学对教学环境提出更高的要求

创设最佳的学习情境,需要配套的教学环境,要求校园网覆盖面广,图书资料齐全,教师和学生可随时查阅学习资料,同时还要求实验仪器药品实践场所等有所保证。

以上是笔记在高职化学教学中的几点粗浅的做法和体会,提出来和大家共切磋。如何搞好教学,有许多问题需进一步探讨。

（五）改革实验教学方案

就现行的实验教学方法来说仍然是传统的、保守的。学生做实验只是"照方抓药",缺少探索性,结果是限制了学生的技能进一步提高和创造力的发展,因此教师可引导学生探索试验。例如,让学生在做性质实验时,不仅仅是验证性质,观察现象,而且让他们试着改变某些药品的剂量,观察剂量对现象的影响,使他们发现有些药品浓度改变、剂量变小并不影响观察结果,这样就可选用低浓度、少剂量的做法,这样做的好处是既节省了药品,也培养了他们发现问题、解决问题的能力,同时也为他们走上工作岗位后重视能源节约、注重技术改造奠定了思想基础。在实验教学中,老师还要考虑到学生的素质、特长差异,除开好大纲要求的实验外,再拟定一些选做实验,为一些有兴趣、有余力的学生提供独立地、自主地从事实验的机会,使每个学生都不遗余力地获得他们所需要的技能。在实验教学中,要特别注意尽量给学生提供独立动手的机会,采取分组实验的办法。例如,实验时将学生分成多组,部分学生做 A 实验,部分学生做 B 实验,部分学生做 C 实验,多组同时进行,下次实验时再交换。这样,每个学生都有了独立操作的机会,大大提高了实验技能,并且提高了实验仪器的利用率。

九、优化教学手段

（一）教学直观化

采用多媒体教学，现场教学等直观教学手段，使抽象的教学内容变得具体形象。将应用化工专业的《化工设备》《化工工艺》《化工安全技术》等科目引入相关的企业实例进行教学，有些课程内容可播放企业现场录像进行教学，部分专业课程内容进行企业现场教学，让学生在企业真实环境中学习，提高教学效率和学生解决实际问题的能力。

（二）岗位技能训练规范化

让学生利用校内实训基地进行模拟岗位演练。此环节除让学生熟练掌握装置的操作特性外，应以训练学生的职业岗位技能为重点，学生在教师的指导下，按照岗位操作规程和操作标准，进行单元操作训练，提高职业岗位的技术能力。训练的基本内容包括开、停、并车等操作要领，以及操作中异常现象的判断及事故处理。每个单元操作训练结束后，教师让每个学生独立演示，学生的每个动作都应规范到位，操作流畅，姿势美观。对达不到要求的学生，老师可让其利用课外活动或星期六、星期天进行练习，直到达到操作规范为止，使学生养成规范操作的好习惯。此环节要注意理论教学与技能训练同步进行。完备的实训基地是保证此环节顺利进行的关键。我校建设了化工实训室，有多套化工单元操作训练装置，可分别进行流体输送、传热、干燥、精馏、吸收等化工单元操作训练。

（三）真实过程虚拟化（模拟仿真训练）

化工生产过程是连续生产，工艺流程长，操作控制要求较为精确、严格，让初学者动手操作会有危险。借助计算机仿真教学系统训练,让学生不用进厂就能够接触生产工艺及操作方法是行之有效的一项措施。岗位模拟仿真实训要结合理论教学进行,做到理论讲授和操作演示有机结合,循序渐进,稳步提高。

（四）专项实训及时化

学生在经过一个阶段的仿真训练后,针对一个具体岗位到企业进行短期的专项实训。专项实训要及时,要把先学习、后实践的做法改为边学习、边实践,采取"学校—企业—学校—企业"的"工学交替"学习方式。使理论教学与实践教学同步进行,使学习内容与实训内容相统一,并使学生了解岗位工作的真实环境,是学生职业能力形成的重要一环。同时,实训结束后教师和学生共同总结教学经验和存在的不足,在接下来的课程教学中有针对性地查漏补缺,这样可更好地促使理论联系实际。稳定的校外实训基地是保证此环节顺利进行的关键。

（五）综合实训企业化

综合实训是学生在掌握专业基本理论和专业基本技能的基础上,根据就业意向有选择性地顶岗实训。做法是和企业合作开展"2+1"的"学员制＋学徒制"的工学结合人才培养模式,学生"2"年在校学习,"1"年到企业顶岗实习。学院和企业共同制定管理条例,包括《实践教师管理制度》《实践教师聘任制度》等,岗位操作规范及细则。在本阶段的实践中,学生的学生身份逐渐淡化,在企业顶岗实习期间,就是真正的"学徒"。他们以准员工的身份在各自的岗位上实践,由学校教师和企业的指导人员共同教育和管理,安排教师和企业选派的指导人员巡回指导,指导者以其自身的示范作用引导和帮助学生熟悉工作环境、掌握工艺流程、注意事项和技术细节。对有条件的企业可以采用"师傅带徒弟"的方式。对自身素质较高的学生当学生已经适应在某一工作岗位后,要求企业"岗位轮换"。通过不断适应新的工作岗位,强化学生对不同岗位的适应能力。对在实习实训中企业反馈的或学生通过实践认识到的知识能力缺陷,要采取措施补救,有针对性地加以解决,真正提高学生的职业能力。

(六)职业技能竞赛日常化

近年来,职业院校技能竞赛工作如火如荼,已经逐渐成为职业院校教育教学改革的重要抓手。而一些全国性的技能竞赛,更是成为检验职业院校教育水平的重要平台,赛事规模逐年扩大。可以说,"普通教育有高考,职业教育有大赛"正在逐渐成为职业教育界的共识。

职业教育的教学,实际上存在着重理论学习轻实践操作的误区,未能充分体现职业教育的特色和优势,也影响了人才培养的质量,职业技能竞赛的推广,促使学校和教师转变教学理念,以竞赛项目需求为引领开展专业课程改革,更加重视学生实际操作能力和综合职业能力的培养,职业技能竞赛的比赛项目、竞赛标准等均与实际工作岗位的能力要求贴近,在一定程度上代表着该专业职业技能的最新标准,职业技能竞赛参赛和训练过程中,会发现现有课程体系、教学内容等存在的不足,促进教学改革。

以职业技能竞赛为抓手,以赛促训,以训促学,提高学生学习的针对性。通过赛前集中训练,赛后总结等方式,使学生能够更好地掌握相关职业技能,提高职业能力,教师在指导学生参加竞赛的过程中,也可以反思当前教学中存在的问题,加以改进。

普通教育有高考,职业教育有大赛,普通教育重视高考升学率,职业教育也一味地看重大赛的获奖成果,职业技能竞赛尤其是全国职业院校技能大赛已经成为各高职院校展示教学水平的重要平台,竞赛获奖情况也逐渐成为体现院校教育水平的一个重要指标。在这种情况下,突击训练、争取获奖就成为院方,教师和学生的共同诉求,技能竞赛变成了另一种形式的应试教育。

与竞赛应试化相关的问题,就是参与小众化的问题,这也是竞赛的性质所决定的,能够代表学校参加竞赛的毕竟是优中选优的极少数学生,大多数学生在技能竞赛中是观众,有不少学生抱着旁观者的态度,认为与自己的关系不大。因此,总的来说,技能大赛的普及性还有待加强,学生的参与率有待提高。

参与过程轰轰烈烈,获奖后喜气洋洋,过度重视赛事的获奖成果,对教育教学改革的促进作用却未能显现,有的地方存在着技能竞赛与人才培养方案不能顺利衔接的问题,为了参加某项技能竞赛,不得不让参赛师生停课,针对竞赛题目或项目进行少则几天,多则长达几个月的集中封闭式强化训练,举全校之力不惜一切代价冲击国赛,从某种程度上忽视了教育教学的基础建设,甚至打乱了教学管理的常规模式。待竞赛结束后,一切又恢复原状,未能将技能竞赛真正与教育教学科学统筹安排,真正的受益者也仅仅是获奖的少数学生,大多数学生依然是不参与。

职业技能竞赛的本质就是一项竞赛,是培养学生的一种手段,是以一个行动为导向的教学项目,通过竞赛引导学校关注行业动态和需求,推动教育教学改革;引导教师和学生把握行业企业对毕业生的能力要求,通过竞赛提高专业能力。职业技能竞赛应做到全员覆盖。

参赛院校应注意回归理性认识,回归职业技能竞赛的本来初衷,将职业技能竞赛纳入日常的学生管理中。比如,院校可经常性地举行各种技能竞赛,根据各年级的教学进度拟定各年级的题目,采取现场抽题答辩和现场操作的竞赛方式,这样可营造专业能力培养氛围,使每个学生对平时的技能训练更加重视,促进学生专业能力的训练与养成。

十、建立综合化的考核评价体系

建立实用的综合考核评价体系,理论考核与技能考核相结合,过程性评价和终结性评价相结合,使评价成为促进学生职业能力提高的助推器。在考试内容方面,不仅要考基本理论、基本知识,专业课考试要到生产现场去收集一些与专业内容关联的实际问题。在考试方式上,改变单一的闭卷考试的方式,而采取形式多样的考试方式,如日常考察、开卷考试、实习考察、技能考核等各种形式。部分课程考试总成绩分为理论笔试成绩加技能成绩。理论笔试成绩:笔试分数占60%,笔试内容为:围绕岗位能力必须够用的基本理论基本知识(实验原理、实验计算等)。技能考核:技能考核占40%,考核内容为:现场操作。在评价主体上,改变过去只通过任课教师评价的局面,在校内建立院、系、教研室三级质量监控体系。在企业建立行业标准的职业能力监控体系,对职业能力的考核综合运用生产操作、现场答辩等多种手段进行,并引入一线工程技术人员,现场管理人员共同评价的机制。综合利用多种手段多角度地考查学生的知识和能力。

评价要素以学生职业能力形成为核心,充分体现高职教育以学生为主体,一切为了学生,为了学生一切,为了一切学生的宗旨,最终达到学生职业能力的形成。评价要素要分别存在若干指标,在定性分析的同时,加强对各指标的定量分析,促进评价结果的可比性,如何分解指标权重,需要进行职业的适岗能力调查,根据调查进行分析,科学分配各指标权重。建立开放式、多元化、多层面评价平台,构建社会外部评价、学院内部评价和学生自我评价有机结合和统一的评价体系。采取定期评价、动态监测、定量分析的方法,在评价过程中,必须采取客观的实事求是的态度。

以下是笔者基本技能评价标准设计的部分示例,已在本校使用推广 5 年,效果显著。

基本技能标准

1. 蒸馏

基本要求:熟练安装普通蒸馏装置。

测试标准:安装顺序"自下而上,由左到右"温度计水银位置正确,能说出各个部件名称,知道加沸石和冷凝水方向。

测试方法:蒸馏实际操作或沸点测定。

成绩评定:根据学生操作情况,依据测试标准给分。

2. 测熔点

基本要求:能够熟练运用毛细管方法测熔点。

测试标准:b 形管内溶液用量略高于上侧管,毛细管封口、装样、看温度操作正确:熔点管及温度计固定位置符合要求。

测试方法:熔点测定实际操作。

成绩评定:根据学生操作情况,依据测试标准给分。

4. 萃取

基本要求:能够熟练正确使用分液漏斗。

测试标准：活塞涂凡士林的方法正确，分液漏斗的震荡方法正确并能开启活塞排气；在铁架台铁环上静置分层；知道上、下层是何物；能够做到将下层液放出、上层液倒出。

测试方法：实验操作或结合仪器叙述实验操作方法。

成绩评定：根据学生操作情况，依据测试标准给分。

5. 乙酸乙酯制备

基本要求：能够熟练正确安装乙酸乙酯制备装置。

测试标准：安装仪器规范，熟知各个部件名称；知道为什么要使乙醇过量；能正确叙述精制时加饱和碳酸钠、饱和食盐水、饱和氯化钙、无水硫酸镁的作用。

测试方法：学生实际操作或安装完仪器叙述实验操作方法。

成绩评定：根据学生操作情况，依据测试标准给分。

6. 提取

基本要求：能够熟练安装提取茶叶中咖啡因的装置。

测试标准：熟知索氏提取器各部件名称；仪器安装规范，滤纸筒折叠操作正确，滤纸筒高度、茶叶高度无误。冷凝液刚刚虹吸下去时才能停止。

测试方法：学生实际操作或结合仪器简述实验方法、步骤。

成绩评定：根据学生实际操作情况，依据评分标准逐项给分。

7. 升华

基本要求：掌握咖啡因升华的操作方法。

测试标准：蒸气浴蒸发、石棉网小火焙烧操作正确；滤纸的孔、漏斗颈塞的棉花大小适中，温度不能过高。

测试方法：学生实际操作或结合仪器叙述实验方法。

成绩评定：依据测试标准逐项给分。

有机实验操作技能抽测题

（一）实验二 熔点的测定，装一套熔点的测定装置。

1. 测熔点对有机化合物的研究有何实际意义？

2. 毛细管法测熔点时，b 形管中应倒入多少浴液？

3. 为什么一根毛细管中的样品只用于一次测定？

4. 接近熔点时升温速度为何要放的较慢？

5. 什么时候开始纪录始熔温度和全熔温度？

（二）实验三 沸点的测定，装一套蒸馏装置。

1. 所用仪器名称及作用？

2. 安装蒸馏装置时应注意什么？

3. 蒸馏时为什么要加入沸石？如果加热后才发现未加沸石应如何处理？为什么？

（三）实验五 乙酸乙酯制备

1. 安装制备乙酸乙酯的装置并指出各部件名称。

2. 实验中为什么采用乙醇过量？

3. 实验中采取了哪些措施提高酯的产率？

4. 实验中加入饱和碳酸钠，饱和食盐水，饱和氯化钙，无水硫酸镁的作用？

5. 实验中萃取时，产品在那一层？萃取的方法及操作。所用仪器名称及作用

（四）茶叶中咖啡因的提取及性质

1. 什么叫回流？

2. 提取咖啡因所用仪器的名称是什么？各部件的名称分别是什么？滤纸筒及茶叶的高度各自应低于什么位置？

3. 简述实验步骤

4. 索氏提取器的萃取原理是什么？它与一般的浸泡萃取比较有哪些优点？

5. 本实验进行升华操作时，应注意什么？

6. 实验仪器如何安装？

评分标准：

优：仪器安装规范，实验操作正确。实验效果好，回答问题正确。

良：实验操作基本正确，实验效果可以，回答问题基本正确。

中：实验操作基本正确，实验效果一般，回答问题有小错误。

一般：仪器安装不规范，实验操作有小错误，效果不理想，回答问题有错误

不及格：仪器安装不规范，实验操作有明显重大错误，无结果，回答问题均不正确。

学生学业评价中技能评价设计

示例1　蒸馏操作

操作技能考核评价模式:现场面对面打分。

考核题目:蒸馏操作

姓名 _____　　学号 _____

考核日期 _____ 年 ____ 月 ____ 日　成绩 _____

(一)基本技能标准

基本要求:熟练安装普通蒸馏装置。

测试标准:安装顺序"自下而上,由左到右"温度计水银位置正确,能说出各个部件名称,知道加沸石,冷凝水方向正确,操作规范熟练程度。

测试方法:蒸馏实际操作或沸点测定。

成绩评定:根据学生操作情况,依据测试标准给分。

(二)回答:

1.所用仪器名称及作用是什么?

2.安装蒸馏装置时应注意什么问题?

3.蒸馏时为什么要加入沸石? 如果加热后才发现未加沸石应如何处理? 为什么?

(三)评分标准

优:(90分以上)仪器安装规范,实验操作正确。实验效果好,回答问题正确。

良:(80～90分)实验操作基本正确,实验效果可以,回答问题基本正确。

中:(70～80分)实验操作基本正确,实验效果一般,回答问题有小错误。

一般:(60～70分)仪器安装不规范,实验操作有小错误,

效果不理想,回答问题有错误

不及格:仪器安装不规范,实验操作有明显重大错误,无结果,回答问题均不正确。

项目	评定内容	分值	扣分
	烧瓶固定高度	8分	
	温度计位置	8分	
	冷凝管装备操作规范	8分	
	接液管锥形瓶操作规范	8分	
	加沸石	8分	
	铁架台和夹子配合	6分	
	整套仪器气密性	10分	
	整套仪器美观度	8分	
	仪器安装拆卸顺序	8分	
	过程操作熟练程度(过失操作每次 –2分)	8分	
	回答问题	15分	
文明操作(2分)	实验过程台面	2	
	实验后仪器、药品放回原处	3	
时间(30分钟)	开始时间	所用时间	每超过1分钟扣1分
	结束时间		
合计			

2.说明:每项不得倒扣分　　考评委签字:

118

示例2　分馏操作

姓名 _____　　学号 _____

考核日期 _____ 年 ____ 月 ____ 日　成绩 _____

（一）基本技能标准

基本要求：熟练安装分馏装置。

测试标准：安装顺序"自下而上，由左到右"，温度计水银位置正确，能说出各个部件名称，知道加沸石，冷凝水方向正确，操作规范熟练程度。

测试方法：分馏实际操作。

成绩评定：根据学生操作情况，依据测试标准给分。

（二）回答：

1. 所用仪器名称及作用分别是什么？

2. 安装分馏装置时应注意什么问题？

3. 分馏时为什么要加入沸石？如果加热后才发现未加沸石应如何处理？为什么？

（三）评分标准

优：（90分以上）仪器安装规范，实验操作正确。实验效果好，回答问题正确。

良：（80～90分）实验操作基本正确，实验效果可以，回答问题基本正确。

中：（70～80分）实验操作基本正确，实验效果一般，回答问题有小错误。

一般：（60～70分）仪器安装不规范，实验操作有小错误，效果不理想，回答问题有错误

不及格：仪器安装不规范，实验操作有明显重大错误，无结果，回答问题均不正确。

高职化工专业学生职业能力及培养策略

项目	评定内容	分值	扣分
蒸馏实际操作（80分）	烧瓶固定高度	8分	
	温度计位置	8分	
	冷凝管装备操作规范	8分	
	分馏柱接液管锥形瓶操作规范	8分	
	加沸石	8分	
	铁架台和夹子配合	6分	
	整套仪器气密性	10分	
	整套仪器美观度	8分	
	仪器安装拆卸顺序	8分	
	过程操作熟练程度（过失操作每次 –2分）	8分	
	回答问题	15分	
文明操作（2分）	实验过程台面	2	
	实验后仪器、药品放回原处	3	
时间（40分钟）	开始时间		所用时间	每超过1分钟扣1分	
	结束时间				
合计				

说明：每项不得倒扣分　　　　考评委签字：

120

示例3　未知物熔点的测定

姓名 _____　　学号 _____

考核日期 _____ 年 ____ 月 ____ 日　成绩 _____

（一）内容基本要求：搭装置、装样品、测熔点。

测试标准：封口，填装，搭建，加热等操作熟练程度

测试方法：实际操作

成绩评定：根据学生操作情况，依据测试标准给分。

（二）回答：随机提问

（三）评分标准

优：（90分以上）仪器安装规范，实验操作正确。实验效果好，回答问题正确。

良：（80～90分）实验操作基本正确，实验效果可以，回答问题基本正确。

（70～80分）实验操作基本正确，实验效果一般，回答问题有小错误。

一般：（60～70分）仪器安装不规范，实验操作有小错误，效果不理想，回答问题有错误

不及格：仪器安装不规范，实验操作有明显重大错误，无结果，回答问题均不正确。

高职化工专业学生职业能力及培养策略

项目	评定内容		分值	扣分
蒸馏实际操作（80分）	熔点管的正确熔口		8分	
	装置的正确搭建		8分	
	样品的填装		8分	
	温度计量程的选择		8分	
	样品与温度计位置的关系		8分	
	甘油的正确添加高度		6分	
	灯火焰的正确位置		10分	
	靠近熔点时加热速度的控制（调节火焰位置）		8分	
	熔点的正确读取和记录		8分	
	过程操作熟练程度（过失操作每次 –2分）		8分	
回答问题（15分）			每题5分	
文明操作（5分）	实验过程台面		2	
	实验后仪器、药品放回原处		3	
时间（40分钟）	开始时间		所用时间	每超过1分钟扣1分
	结束时间			
合计				

3. 说明：每项不得倒扣分　　　　考评委签字：

122

第五章　高职化工专业学生职业能力培养的措施

要对学生职业人品质进行评价。职业人就是参与社会分工,自身具备较强的专业知识、技能和素质等,并能够通过为社会创造物质财富和精神财富,而获得其合理报酬,在满足自我精神需求和物质需求的同时,实现自我价值最大化,就是"干什么像什么"。教学质量评价紧扣职业人品质的形成。遵纪守法、政治上要求进步,在工作中遵循职业行为规范,以及具备相应的道德品质,遵守劳动纪律,劳动意识强,并对企业有认同感,操作技能的精确性、熟练性及其效率性,操作过程符合文明生产和工艺流程规范要求,严格遵守安全生产规范要求,较快地适应企业内岗位工种的变换,在实习岗位上不断自我提高、自我完善的能力,发展潜力、个人才能、知识结构能适应企业发展趋势的要求。构建如下:

	品质模块	指标	内涵
职业人品质评价	岗位情感	思想素质	遵纪守法、政治上要求进步
		职业道德	在工作中遵循职业行为规范以及具备相应的道德品质和环境环保意识
		工作责任	遵守劳动纪律,劳动意识强,并对企业有认同感
	业务能力	身心状况	身体素质与生理、心理素质适应工作的要求
		操作技能	操作技能的精确性、熟练性及其效率性
		操作规范	操作过程符合文明生产和工艺流程规范要求
		安全生产	严格遵守安全生产规范要求
		质量意识	企业生产的质量意识

续表

职业人品质评价	发展能力	知识结构	文化知识及专业知识的应用状况
		适应能力	较快地适应企业环境,并能较快地适应企业内岗位工种的变换
		协作能力	与群体内其他成员的团队合作能力
		自学能力	在实习岗位上不断自我提高、自我完善的能力
		发展潜力	个人才能。知识结构能适应企业发展趋势的要求

在对教学要素的评价中,学业评价是主线,构建学业评价指标体系,必须把握好高职教育的对象是人(学生),那么人才培养的目标最终也是人(学生),也就是以人为本,根据专业不同、岗位不同,在具体的调查研究的基础上进行各类各项指标权重的构建,通过评价,保障学生职业能力的形成。

第六章 化工专业学生职业能力培养保障体系建设

一、健全教学质量监控体系

所谓监控也就是监督、控制之意。教学质量监控,是指学院各级质量管理部门通过对教学各环节质量进行综合监督,对教学质量体系的主要过程和程序进行多视角全方位的监控,以期达到持续改进的目的。

高等化工职业教育强调专业设置的适应性,培养目标和课程设置的科学性和合理性,教学内容的适用性,高职化工教学质量体系对学生强调理实一体化教学,更重视职业能力的培养。应从化工专业教学质量的内部环境来构建教学质量监控体系,并注意到宏观层面与微观层面的结合。遵从构建理念和构建原则,按照教学活动重点内容、教学实施顺序和教学实施软硬件资源等方面来构建监控体系。

按照教学质量保障体系要求,构建学院、教研室、学生信息员三级监控体系,成立由行业、企业、学校三方人员组成的教学质量督导组,制定《教师授课工作规范》、《课程教学质量标准》等,对化工专业人才培养进行全过程监控和督导,对教学过程出现的问题进行及时反馈、整改,对阶段性目标进行评价、反馈,确保实现化工专业学生职业能力培养目标。

（一）评价体系的构建原则

1.科学合理性原则。科学性合理原则主要体现在所用评价体系方法科学合理,能对评价对象进行多视角的评价,能反映出评价对象实际情况,评价指标体系要定量指标和定性指标结合。

2.全面性原则。评价系统的各项指标要能对涵盖评价对象的全部主要观测部分,能通过评价系统对评价对象的本质作出科学全面评估。

3.实用性原则。对高职教育教学质量的评价,应在保证评价科学合理、全面的前提下,简化程序、简化方法,尽量使用客观评价指标,减少主观评价指标。

（二）评价体系构建层次

化工高职教育质量综合评价包括三个层次:第一层面行业专家、校内督导等对老师实践技能和教学基本功进行评价,第二层面是学生,主要对老师教学方法教学效果进行评价,第三层面是系部主任、专业老师主要侧重对老师课程定位、授课内容进行评价,评价视角不同,选取指标有不同。

（三）评价体系组成要素

1.行业专家、校内督导评价指标的选择。专家和同行主要考察教师的实际技能和教学基本功,以教学态度、教学内容、教学方法和教学手段为一级指标。

2.系部同行评价指标的选择。系部同行主要从教师作为完成整体教学任务角度来考察教师,更注重从人才培养方案实施和系部实际情况考虑。

3.学生评价指标的选择。学生评价主要从以下四个方面考虑:

第六章　化工专业学生职业能力培养保障体系建设

　　教学态度：师德高尚、对学生公平公正；准时上下课、停课调课次数少；课后认真辅导和批阅作业；民主管理班级、平等对待学生；讲课态度认真。

　　教学内容：教学思路清晰，讲课效果好；授课内容讲解恰当难易适中；知识讲解清楚，学生易于接受；理实一体授课，内容更新快；引导学生主动参与思考问题。

　　教学方法：充分利用课堂时间，信息量大；依教学内容灵活运用教学方法；教态自然，语言富有感染力；板书规范，熟练使用多媒体；注重学生自学能力培养。

　　教学效果：课堂气氛好，学生积极性高；学生能理解所授课程内容；学生分析解决问题能力得到提高。

　　（四）综合评价体系的构建步骤

　　1.层次分析法确定指标权重

　　层次分析法是在多目标、多准则条件下，对多种对象（目标、方案等）进行评价的一种简洁而有力的工具。在进行评价确定指标权重时，大体上可分为以下几个步骤：

　　（1）分析问题，确定系统中各因素之间的关系，建立系统的递阶层次结构模型；

　　（2）构造两两比较的判断矩阵；

　　（3）计算各层次相对权重的中排序；

　　（4）计算各层元素对系统总目标的合成权重，并进行总排序。

　　2.模糊综合评价法

　　模糊综合评价法是借助模糊数学的一些概念，对实际的综合评价问题提供一些评价的方法，它以模糊数学为基础，应用模糊关系合成的原理，将一些边界不清、不易定量的因素定量化，通过构造等级模糊子集把反映被评事物的模糊指标进行量化,然后利用模糊变换原理对各指标进行综合评价的一种方法。

（五）实施教学质量全程监控

切实发挥教学督导作用,实施教学质量全程监控。形成以学生职业能力培养为目标的监控机制,保证教学质量处于可控状态。

开展教学运行管理。完善教学规章制度建设,健全教学管理与考核制度。进一步加强教学质量管理和教学质量考评,加强对教师各个教学环节的质量监控,强化信息反馈和对相关教师督导。健全学生信息员队伍,及时了解教学及管理情况,加强教师与学生之间的交流和沟通。进一步开展教学督导工作和学生评教、教师评教等活动,使教学检查更加规范化、制度化,促进人才培养质量不断提高。

新生质量调研和毕业生反馈。成立项目负责人、专业带头人、校内外骨干教师及辅导员为成员的新生、毕业生质量调研小组。对新生的职业取向、兴趣爱好、对行业专业的了解情况等进行调研与分析,对毕业生的岗位适应情况和专业对口等情况调研与分析。

顶岗实习管理。建立企业教师工作站,做好与校外实训基地协调,明确双方权利、义务以及学生实训期间双方的管理责任,加强顶岗实习期间学生实习与管理。利用顶岗实习网上管理与指导平台对毕业环节规范管理,对学生实习进行全过程监控。

（六）开展人才培养质量评价

采取问卷调查、行业评估、企业走访、毕业生座谈、网络随机调查等手段开展由行业、企业、学生等多元主体参与的教学质量评价,将毕业生就业率、就业质量、企业满意度作为人才培养质量的重要评价指标,引入人才培养质量第三方评价。建立教学质量反馈系统,将内部评价、企业评价和第三方评价意见及改进措施反馈给专业群产学研合作委员会和专业建设指导委员会,并在专业建设委员会的推动下落实到教学实施过程,及时修正人才培养过程中出现的问题。

二、人才培养模式的建设

工学结合人才培养模式有效运作的核心是构建一个能够符合工学结合要求的、与职业岗位能力相适应的、实用有效的课程体系。围绕课程体系的改革,需要完备的教学资源支撑,包括实验实训条件建设、师资队伍建设以及教学组织形式的改革。建设框架如图 10 所示:

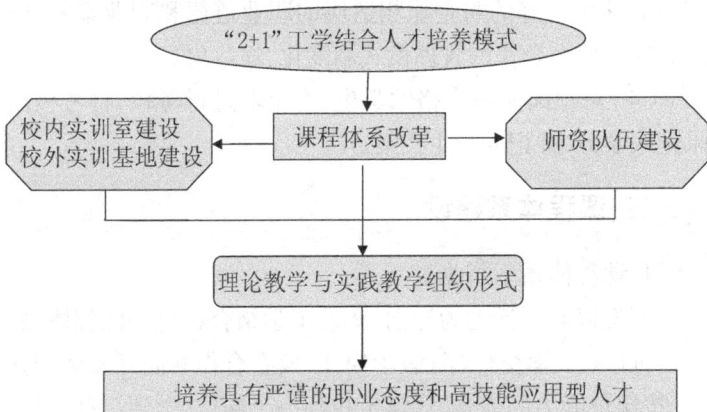

图 10　人才培养建设框架图

在人才培养模式上,要做好以下几方面的工作:

(1)推进产学结合的人才培养模式的探索和实践,充分发挥企业在人才培养中的作用,加强与企业的联系与合作,横向联络合作办学、合作育人、合作就业的企业,以保证企业有充分的岗位提供学生进行生产实习。

(2)突出产学结合,利用校内生产性的实训基地,使学生在生产环境中得到锻炼,提高学生的职业操作能力及职业素养;制定完善的学生顶岗实习期间的严格管理及考核制度,形成校企双方齐抓共管,并逐步实现顶岗实习与就业的融合,让学生真正能在毕业时实现能力与岗位的零距离对接。

(3)建立健全与产学结合相适应的校企双方共同参与的管理模式,企业参与人才管理,将企业先进的管理方式及管理理念运用到人才培养模式中来,使企业管理与学校的管理有机衔接,有利于提高学生对社会环境的适应能力;企业通过管理也能更进一步了解学生学习状况及思想动态,正确引导和培养学生良好的与企业相适应的职业道德和职业素养,因此必须使校企合作的管理模式制度化、规范化。

(4)对顶岗实习合格的学生,有企业进行考核,将考核结果记入学分,并记入学生档案。

三、课程体系建设

1. 课程体系不断改革

开发以职业活动为导向、体现工学结合特色的课程体系。大力推广"工学交替"等教学模式,校企合作共同开发课程体系,按岗位能力的需要,让学生找到一个岗位,学到一种技能,"学中做,做中学",打破传统按专业、按学科进行课程设置的框架,构建起以市场需求为导向的课程模块。

新课程体系:职业能力必须涵盖职业岗位的基本能力、专业能力和关键能力。核心课程的改革,应突出专业能力培养,强化职业技能训练,职业态度养成,将从业资格证书考试主要内容、技术资格考试主要内容全部融于专业的教学内容之中,通过模块组合专业教学内容,使其适合各层次学生个性化学习的需要。

2.课程建设

以工学结合的精品课程建设为龙头,以网络课程建设为手段,以题库、电子教案和各项教学资源建设为基础,不断完善各课程教学大纲、教学计划,制定各课程的实训要求及标准,建设以实践操作为核心,知识、能力、素质并重的优质核心课程。建设的主要规划有:

(1)加大精品课程建设力度。

在精品课程的建设基础上,优化课程建设标准,突出职业技能训练和职业态度养成,加强课程资源库建设,实现优质课程资源共享,重点建设突出职业能力培养特色的工学结合的精品课程。

(2)网络课程建设。

目前在师生互动、网上答疑、网上练习、网上测试等方面还未充分发挥网络教学系统的功能。今后,要按照工学结合人才培养模式的要求修订教学计划、教学大纲和题库,进一步开发网络课程的多项功能。定期安排骨干教师与学生进行网络互动交流,有计划地组织相关课程实现网上练习测评和考核,满足不同学生的学习需求,提高教学效率与效益。

(3)建设课程题库。

试题库建设按每门课每课时不少于 10 个题确定试题总量,各类题型中实训性试题一般不低于总量的 50%,各个试题均要明确知识点、难易度及考核分值,适当增加实训操作试题的比重。

3.特色教材建设

将化工原理、化学反应工程、化工设备、化工安全技术、化工工艺学等课程内容融合、重组为专业基础模块1、专业基础模块2、专业基础模块3、专业综合模块1、专业综合模块2，构建项目化纸质教材，并组织教师对每一门实训教程内容进行细分，编写一套以新准则为依据，以培养学生的职业能为核心，以融合专业资格考试内容为特色，能够体现本专业改革成果的自编教材。制定"实训要求及考核标准"，形成理论与实践教材相配套的、内容充实、与时俱进的教材体系。

四、专业教学团队建设

1."双师"结构师资队伍建设

为使全体教师"双师型"素质不断提高，建议采取以下措施。

一是有计划地选派专职教师利用寒暑假到企业进行专项实践能力培训或到企业一线挂职锤炼，要求每位专职教师每年在兼职单位参加实践天数不少于10周；通过兼职、顶岗挂职等形式在增加自身阅历、积累实际工作经验、充实教学内容的同时，帮助合作单位解决实际问题，强化校企合作与互动。

二是定期举行教师职业技能竞赛，督促教师自觉训练，注重自身技能提高。

三是从企业生产一线选聘工程技术人员兼课，同时选聘一部分经验丰富的企业行家能手专题介绍企业化工岗位的主要技术操作和工艺流程以及一些特殊业务难题的处理方法和经验。选聘经验丰富的高级技师作为学生企业实践训练的指导教师。

要积极开拓多种渠道从生产一线聘请具有一定理论基础、丰富实践经验和良好职业道德的行业能手作为校内实训指导的兼职教师。校内实训兼职教师主要担任各专业课的实训教学工作,每学年任课时数不少于60课时。校外实训基地兼职指导教师按照合作协议由合作单位挑选专业人员担任。学校对兼职教师实行动态管理,制定兼职教师管理制度,对兼职教师的聘期、任课情况、学生考评结果等情况建立专门档案进行记录和管理,并根据承担的教学任务及考评结果确定报酬。

2. 专业带头人与骨干教师培养

建立、健全专业带头人与骨干教师培养制度与激励机制,科学制定专业带头人与骨干教师考核标准,强化师资队伍的内涵建设,全面提升师资队伍的素质。

培养基础理论扎实、人文素养厚实、实践教学能力突出的专业带头人。专业带头人应具有副高以上职称、硕士以上学位或具有博士学位,每年应培养青年教师1名;每年平均完成教学课时160课时以上;每年在省级以上刊物发表论文1篇;每两年主持完成1项教研课题项目;主持院级以上精品课程1门以上,主编教材或著作一部。

培养基础理论扎实、教学实践能力突出的骨干教师,骨干教师每年平均完成280课时教学工作量;每年发表省级以上论文1篇,主持院级以上科研一项或主持院级优质核心课程;每学年对课程的教学情况进行调研,并就教学内容改革、教学方法手段改革等情况进行分析说明,形成课程报告1份;每年平均在企业实践锻炼10周。通过建设,将教师队伍建设成具有一流的教学水平、丰富的实践经验和高尚的师德师风的"双师型"专业教师队伍。

3. 提高教师队伍整体水平

(1)提高教师学历学位。

鼓励教师在职攻读博士学位,以提高教师学历学位层次及整体素质。

(2)国内进修与培训。

鼓励教师到国内重点院校进修,选派专业教师参加由国内知名学术团体、国内重点大学组织的相关研讨会与技能培训。每年每人平均参加国家业务培训或参加国内其他交流研讨会1次。

(3)国内外专家讲座。

为扩大交流,提高教师队伍的教学能力和教学水平,聘请国内外知名专家来校讲学。具体规划为:外籍专家每2年讲学1次;国内知名专家每年讲学至少1次。

(4)教学竞赛。

每学年举行由全体专业教师参加的教学观摩1次。每年组织2次专业教师技能大赛,促进教师业务水平和实践能力不断提高。

(5)对外交流活动。

鼓励教师积极参加国内学术交流活动。

五、实验实训条件建设

1.校内实验实训条件建设

实验实训中心建设以人才市场为导向;以办学条件为基础;以专业和化工企业实施产学研一体化培养人才为根本途径。坚持改革与建设紧密结合,重在建设;继承与创新紧密结合,重在创新;研究与实践紧密结合,重在实践的原则。采取产学结合的人才培养模式和科学运行机制,不断适应人才市场的要求,提高人才培养质量和就业竞争力。

实验中心下设无机分析化学实验室、有机生化化学实验室、仪器分析实验室、天平实验室、工业分析与检验实验室。
主要设备有：紫外可见光分光光度计、气相色谱仪、液相色谱
仪、电化学工作站、阿贝折光仪、显微熔点测定仪、酸度计、电
导率仪、电光分析天平等。

　　实训中心下设化工单元操作实训室、化工仿真实训室、
化工管路拆装实训室和化工精馏操作实训室四个实训室
（图 11），实验设备包括流体力学、传热、精馏、吸收、管路拆装
等化工生产过程中常见的单元操作实训装置。

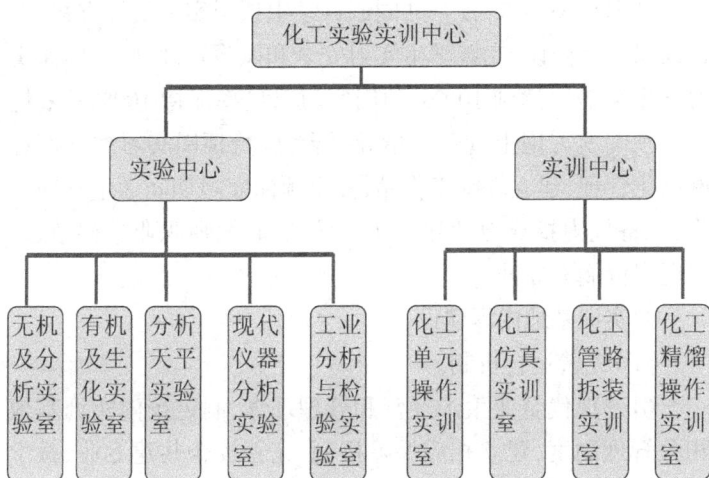

图 11　实验实训中心组织结构图

　　产品分析测试中心：能满足精细化工实训车间生产过程
中原材料、生产过程的控制以及产品的质量检验；亦可进行
化工类各专业仪器分析检测的实训教学。通过实训使学生熟
练掌握各类分析仪器的使用和简单维修的方法。

　　化工产品生产实训车间：建成较为完善的生产性实训基
地，并注重营造良好的职业氛围，使其成为集教学、实训、科

研、生产、培训为一体的产学研中心。通过实训使学生真正感受到实际生产的全过程。

2. 校外实训基地建设

探索建立"厂中校"。通过订单培养、员工培训、技术服务、课程开发、工学交替、顶岗实习等途径建设校外实训基地。签订校企合作协议,安排学生顶岗实习、接受教师实践锻炼、骨干教师参与企业技术攻关和产品研发;企业技术人员作为学校兼职教师,参与学校生产性实训基地建设。按照学院顶岗实习管理相关要求,校企共同制订学生顶岗实习实施方案,签订顶岗实习协议,完善学生实习安全和风险管理办法,确保实习学生覆盖率达到100%,顶岗实习对口率保持100%。依托学院顶岗实习网上管理与指导平台,施行顶岗实习教学信息网络化管理,建立教师工作站,注重顶岗实习期间学生管理工作,配备校内指导教师和企业指导教师,加强职业道德教育、督促岗位能力提升。

3. 实训基地内涵建设

(1)完善运行机制。

引进现代企业生产经营和管理理念,制定校内实训基地相关管理制度,建立相应保障机制,完善校企共建专业、教学实训与设备共享的运行机制,确保校内实训基地教学、生产、社会服务等多功能的实现。完善专业教师与"校中厂"的双向交流机制,确保专任教师双师素质的培养。

(2)校内实训项目开发。

结合职业资格技能鉴定和"校中厂"的生产过程,开发实训项目与考核标准;完成"校中厂"生产工艺优化、仿真操作等实训项目开发,实训项目内容对接生产过程,对学生进行个性化培养。

（3）实训基地企业文化建设。

实训基地文化与企业的文化对接,在教育教学、管理等各方面融入企业元素。将企业的生产经营理念、生产标准、安全操作规程与"6S"管理(安全、整理、整顿、清扫、清洁和素养)等先进的管理理念引入校园之中。在教室、校内实践教学基地营造企业生产环境,校内生产性实训基地严格按照现代企业管理制度管理学生实训。按照企业生产实际创设职场氛围,营造"教学做合一"教学环境,促进学校文化与企业文化相融合,提高学生职业素养。

六、实践教学内涵建设

校外实践教学建立健全教学保障机制,做到实践教学的"六落实",即组织落实、时间落实、地点落实、制度落实、人员落实和经费落实。实践教学保障机制内容主要包括以下内容:

（1）实践教学组织机构。

为保障校内外实践教学的顺利进行,由专业带头人、骨干教师、管理人员和校外实训基地主要领导组成"专业实践教学领导小组",制订实践教学计划,组织协调专业实践教学工作。

（2）实践教学制度建设。

第一,制定实训课程标准,明确专业实践教学总体目标及要求,确定各门实训课程的具体目标、实训内容及考核标准。

第二,制定实践教学规程,规范实践教学的组织与实施。

第三,编制各门课程实训手册,明确该课程实训内容、实训目的与要求、实训准备、实训步骤指导、考核标准等内容。

第四,制定实践教学管理制度,包括校内实训管理制度及校外实训管理制度。

第五,建立学生实训实习档案。

第六,制定学生顶岗实训管理流程,规范校外实训组织、管理、考核方案。

（3）实践教学指导人员。

在"专业实践教学领导小组"的协调组织下,由各专业课教师和校外实训基地兼职教师共同担任实践教学指导任务,建立实践教学指导教师档案,对实践教学指导教师的教学任务、教学成果、考评结果进行记录。

（4）实践教学经费保障。

实践教学经费由"实践教学领导小组"根据实践教学任务合理预算,由学校统一管理、统一列支,并实施监督和考核。

七、教学资源库建设

完善专业资料。组织教师选购专业工具书、专业理论图书、文献、外文原版专业书、核心期刊与专业特色期刊、精选优秀博/硕士学位论文、会议论文集、专业相关报纸、国家、地区及行业法律法规、科技发展动态和政策管理信息、标准文摘或全文等十类专业图书及电子数据资料,为师生的科研教研、学习提供充分的条件,为全国同类专业资料建设做出示范。

营造"教学做一体"实践教学环境,校企合作建设与本课程相配套的教学资源库,包括学生学习指导手册、教师教案、课程标准、多媒体课件、教学录像、案例库、试题库、工学结合特色教材及网络平台等。

依托学院教学资源信息化平台,校企合作建设专业课程数字化资源库。引入企业新技术、新工艺,开发课程标准、仿真软件、虚拟流程(工艺)、培训项目、课业库,建立以文本、图片、生产案例动画、视频和软件等呈现形式的课程教学资源库,建设开放性、共享型专业教学资源平台。

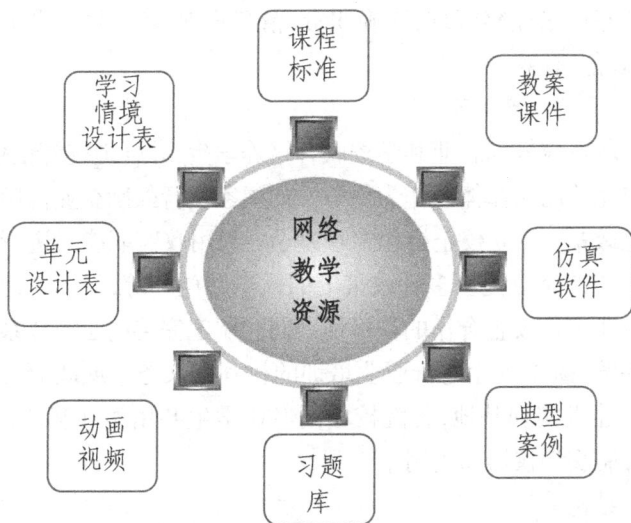

图 12　教学资源库建设示例

八、组织制度保障

（一）组织保障

在学院统一领导下，实施二级管理，成立专业及专业群建设项目领导小组，负责专业建设方案的实施、质量评审、绩效考核及资金使用监督等，保证建设项目的质量；组建项目建设团队，确定建设项目负责人和各单项负责人，由单项负责人按规划的建设目标和建设进度，做好项目实施计划，组织实施，确保各项建设按时保质完成。

严格执行学院项目建设管理规定，强化过程管理。项目责任人应对项目建设情况作全程跟踪、负责和督察，严格控制进度，对进度的动态检查和反馈进行分析，并以书面形式做好过程情况记录。

严把质量关。建立科学的绩效考核办法，对项目实行全

139

程动态质量监察管理,明确职责,精细管理,使项目建设更科学、规范、有效。

（二）制度保障

政府应鼓励企业和学校联合培养学生,并合理统筹规划。制定完善的法律体系作为保障。如国家实行鼓励企业部门的优惠政策,设立校企合作专项基金,利用政府职能为进行校企合作的企业提供多种政策上的优惠和便利等,将极大地调动企业进行校企合作的积极性。同时制定完善的法律体系作为保障,赋予企业进行职业培训的权利和义务。或政府统一集中建设实训基地,各院校相同专业学生共用实训基地,提高实验实训仪器的利用率。

结论分析:

近十年来,我们对职业学院化工专业学生职业能力的培养进行了较为深入地研究和试验,已取得了一定的成果。成功地创新与实践了"订单式培养"及"2+1"教学模式,与山东省海洋化工科学研究院等多家化工企业建立了长期稳定的合作关系。并借鉴和吸收国外发达国家在学生职业能力培养方面的做法与经验,结合我国国情,对教学内容、教学方法和教学手段等进行了改革,培养的学生职业能力强,深受用人单位好评,多年来毕业生一直供不应求,就业率一直保持100%。

"工学交替"的教学模式应是学生职业能力培养成功的教育模式,但要全面推广"工学交替",仍有一定难度。建议政府合理统筹规划,广泛利用高校和企业的教育资源,实行校校联合、校企联合,建立稳固的实训基地。政府应鼓励企业和学校联合培养学生,并制定完善的法律体系作为保障。如国家实行鼓励企业部门的优惠政策,设立校企合作专项基金,利用政府职能为进行校企合作的企业提供多种政策上的优惠和便利等,将极大地调动企业进行校企合作的积极性。同时制定完善的法律体系作为保障,赋予企业进行职业培训的权利和义务。或政府统一集中建设实训基地,各院校相同专业学生共用实训基地,提高实验实训仪器的利用率。促进"工学交替"的教学模式的推广。

结语:

众所周知,中国的国情之复杂乃世界之最,因而中国职业教育的研究难度也很大。本研究试图对职业能力进行较为深入系统的研究,但职业能力培养研究毕竟是近几年世界职教界研究的新课题,对我国职业教育实践来说更是全新的理论,再加上时间和精力投入不足及本人才疏学浅,理论水平和研究能力有限,因而有的仅是作了简单的描述,有些问题还有待作深入分析,如不同层次学生的特殊性问题、校企合作问题、专业建设的问题等等。另外提高高职院校学生职业能力的对策有很多,涉及方方面面的问题,本研究仅是作了一些方面的探讨和实践,有许多问题还有待调研,进行不断深入的研究,针对不同层次的学生提出更加详细的对策。衷心希望本研究的一些想法能够起到"抛砖引玉"的作用,并为提高我国高职院校化工专业学生的职业能力提供借鉴。

结论分析:

近十年来,我们对职业学院化工专业学生职业能力的培养进行了较为深入地研究和试验,已取得了一定的成果。成功地创新与实践了"订单式培养"及"2+1"教学模式,与山东省海洋化工科学研究院等多家化工企业建立了长期稳定的合作关系。并借鉴和吸收国外发达国家在学生职业能力培养方面的做法与经验,结合我国国情,对教学内容、教学方法和教学手段等进行了改革,培养的学生职业能力强,深受用人单位好评,多年来毕业生一直供不应求,就业率一直保持100%。

"工学交替"的教学模式应是学生职业能力培养成功的教育模式,但要全面推广"工学交替",仍有一定难度。建议政府合理统筹规划,广泛利用高校的和企业的教育资源,实行校校联合、校企联合,建立稳固的实训基地。政府应鼓励企业和学校联合培养学生,并制定完善的法律体系作为保障。如国家实行鼓励企业部门的优惠政策,设立校企合作专项基金,利用政府职能为进行校企合作的企业提供多种政策上的优惠和便利等,将极大地调动企业进行校企合作的积极性。同时制定完善的法律体系作为保障,赋予企业进行职业培训的权利和义务。或政府统一集中建设实训基地,各院校相同专业学生共用实训基地,提高实验实训仪器的利用率。促进"工学交替"的教学模式的推广。

结语:

众所周知,中国的国情之复杂乃世界之最,因而中国职业教育的研究难度也很大。本研究试图对职业能力进行较为深入系统的研究,但职业能力培养研究毕竟是近几年世界职教界研究的新课题,对我国职业教育实践来说更是全新的理论,再加上时间和精力投入不足及本人才疏学浅,理论水平和研究能力有限,因而有的仅是作了简单的描述,有些问题还有待作深入分析,如不同层次学生的特殊性问题、校企合作问题、专业建设的问题等等。另外提高高职院校学生职业能力的对策有很多,涉及方方面面的问题,本研究仅是作了一些方面的探讨和实践,有许多问题还有待调研,进行不断深入的研究,针对不同层次的学生提出更加详细的对策。衷心希望本研究的一些想法能够起到"抛砖引玉"的作用,并为提高我国高职院校化工专业学生的职业能力提供借鉴。

参考文献

[1] 吴雪萍,董星涛.从院校分工看我国高职院校的定位与特色[J],职业技术教育,2005（16）,32-35.

[2] 尧丽云,朱小玉,刘志兵.高职院校办学定位的思考[J].理工高教研究,2005,24（1）:128-129.

[3] 甄凯玉.职业能力与职业资格证书[J].理工高教研究,2003（6）:67-68.

[4] 郑喜群,祖彬,周强.高职生职业能力培养的思考[J].职业技术教育,2004（34）:34-35.

[5] 李国栋.高等职业教育培养目标定位研究[J].江苏理工大学学报.社科版.2001,（3）:78-182.

[6] 杨俊伟,谭有广.高职学生综合职业能力培养的研究[J],中国科技信息,2005（11）:194.

[7] 孙文学.以就业为导向的高职学生职业能力培养兼论高职人才培养模式的变革[J].职业技术教育.教科版.2005(4):20-22.

[8] 彭聃龄.普通心理学[M].北京:北京师范大学出版社,2002.

[9] 王艳玲.90年代以来发达国家高职课程改革特点述评[J].职业技术教育.教科版.2005（16）:19-22

[10] 石伟平.比较职业技术教育[M].上海:华东师范大学出

版社,2001.

[11] 贺文谨. 略论职技高师"双师型"师资队伍建设 [J]. 职业技术教育. 教科版,2002,(23):50.

[12] 周明星. 职业教育学通论 [M]. 天津:天津人民出版社. 2002.

[13] 俞仲文. 实践教学研究 [M]. 北京:清华大学出版社,2004.

[14] 刘晓明,杨如顺. 高职校企合作的现状、问题及模式选择 [J]:职教论坛,2000(6):49-49,51.

[15] 刘春生,柴彦辉. 德国与日本企业参与职业教育态度的变迁及对我国产教结合的启示 [J]. 比较教育研究,2005,26(7).73-78.

[16] 杨振升. 谈双师型高职教师的内涵及培养[J].教育与职业, 2005(17).73-74.

[17] 和震. 论能力与能力本位职业教育[J].教育科学,2003,4: 76-78.

[18] 刘春生,徐长发. 职业教育学 [M].北京:教育科学出版社, 2016.

[19] 王效杰. 我国职业能力教育的反思与建言 [J].职业技术教育,2005(15):27-29.

[20] 刘义,杨明义.高职高专教育示范性学校评价体系研究[J]. 高等工程教育研究,2003(1):68-71.

[21] 雷正光. 德国双元制教学模式初探 [M]. 北京:科学普及出版社,1990.

[22] 邓泽民.职业学校学生职业能力形成与教学模式研究[M]. 北京:高等教育出版社,2002

[23] 黄日强,许惠清. 能力本位职业教育的特征 [J]. 外国教育研究,2000,5:97-98.